VOTRE VIE
ENTRE NOS MAINS

Philippe Siou

VOTRE VIE ENTRE NOS MAINS

RÉCIT

Odile
Jacob

15, rue Soufflot, 75005 Paris

www.odilejacob.fr

ISBN : 978-2-4150-0042-4

À Anne, à nos enfants,
À ma mère, à mon père,
à mon frère adoré
À ceux qui sont partis

Avertissement

Refermez ce livre si vous êtes une âme sensible.

Aucune ressemblance fortuite dans ce récit… ce sont des histoires vraies qui sont survenues dans différents hôpitaux en France. Les personnages ont existé mais leurs noms ont été changés, et tout ce qui permettrait de les reconnaître a été effacé. Ils sont presque tous morts maintenant et il ne reste plus que le souvenir de leur existence, enfoui dans la mémoire de ceux qui les ont aimés.

Le Dr Vlaminck, lui, n'existe pas. Plutôt, il existe partout même si on s'est inspiré de la plus stricte réalité. Il concentre les images, les histoires que les médecins échangent entre eux. De septembre 2019 jusqu'à un certain mois d'avril 2020,

Vlaminck observe, consigne dans son journal les secrets et les pratiques des médecins hospitaliers. Il fait part de son témoignage et décrit l'intolérable, lorsque la vie ne tient plus qu'à un fil.

Pas question d'être polémique : il s'agit là de montrer sans concession la mission difficile de sherpas qui accompagnent ceux qui sont dans la phase finale de leur parcours. N'oublions jamais que, lorsque la fin approche, dans cette phase décisive, souvent les mourants ont tant de choses à dire…

Ce que dit la loi

Il n'y a pas si longtemps, on n'y connaissait pas grand-chose en médecine. Des souffrances atroces étaient admises. Elles faisaient partie de la vie. Si l'on considère aujourd'hui que la science a accompli d'énormes progrès, il en reste encore à faire pour ceux qui empruntent les couloirs de la mort. Car pour ce voyage inéluctable, on est encore loin d'avoir créé une première classe.

En France, depuis 1999, des lois règlent notre sort. Jusque-là, les médecins se trouvaient dans la plus totale illégalité s'il s'agissait d'abréger les souffrances. Et pourtant, il fallait partager avec ces suppliciés leur tragédie et faire le nécessaire. Alors, on observait une loi, celle du silence, et rien ne filtrait. À la moindre plainte, la sanction était la cour d'assises et le médecin était traité comme n'importe quel criminel.

Voici l'essentiel de ce que disposent les lois françaises en vigueur.

Selon la loi du 9 juin 1999 visant à garantir le droit à l'accès aux soins palliatifs, dite « loi Leonetti », toute personne malade dont l'état le requiert a le droit d'accéder à des soins palliatifs et à un accompagnement. Ils visent à soulager la douleur, à apaiser la souffrance psychique, à sauvegarder la dignité de la personne malade et à soutenir son entourage.

Timidement, la loi a ainsi autorisé à pratiquer des soins palliatifs, autrement dit : atténuer les symptômes d'une maladie sans agir sur sa cause. Ce fut rapidement considéré comme insuffisant dans les innombrables situations que les médecins sont amenés à rencontrer. Les patients devaient se résoudre à traverser des jours, des semaines de désespoir avant qu'une défaillance majeure ne les emporte.

En 2016, la loi Claeys-Leonetti sur les droits des personnes en fin de vie est venue consacrer le droit de chaque patient à demander une sédation profonde et continue jusqu'à son décès, dans certaines conditions. Elle est entrée officiellement en application le 5 août 2016. Cette loi autorise à faire dormir pour attendre la mort. Encore un énorme progrès dans la transparence et une aide pour partir dans la dignité.

L'Union européenne reste muette sur ce sujet et chaque pays légifère en l'absence d'harmonisation.

Les Pays-Bas furent les pionniers mondiaux : les médecins sont autorisés à administrer des substances mortelles en cas de maladie incurable. *Idem* pour la Belgique, la Suisse puis l'Espagne où le suicide assisté a été partiellement légalisé.

L'Allemagne, le Danemark et l'Italie ont des positions plus nuancées à l'instar de la France où l'euthanasie reste interdite.

En Grèce, en Roumanie, en Pologne et en Irlande, cette pratique est assimilée à un homicide et sanctionnée par une peine de prison.

Aux États-Unis, elle est illégale dans tous les États, à l'exception de l'Oregon.

1

Lundi matin. On est fin août 2019 et je viens de rentrer de vacances. Quelques minutes plus tôt, je pédalais dans les rues de Paris. Ça me délasse de venir à vélo à l'hôpital. C'est un dernier moment d'insouciance où j'ai encore des souvenirs d'été plein la tête avant de passer la porte à tambour de l'entrée principale.

Un homme attend dans le couloir. Grand, brun, la cinquantaine, il porte un costume noir avec une chemise blanche. Posté devant la chambre de sa femme, on dirait qu'il monte la garde. Je la connais et je ne peux qu'être stupéfait…

« Cette pauvre femme est encore vivante ? » me dis-je tout bas. Je l'avais presque oubliée. On m'avait demandé de m'en occuper quelques jours avant de partir en congé et on avait sympathisé. Fin juillet, l'état de Françoise Berthier était désespéré au point que les collègues l'avaient laissée pour morte. On avait arrêté tous les soins. Le dénouement était proche, c'était l'affaire de quelques jours. Je ne me serais pas douté que je la reverrais à mon retour.

Le mari de Françoise me salue et je n'aime pas sa manière de me demander si j'ai passé de bonnes vacances. Ce n'est pas une formule de politesse mais plutôt une manière de me dire : « Pendant que vous profitiez du soleil, nous, on était entre la vie et la mort. » Il a les traits tirés et je suis bronzé, remis à neuf par les bains de mer et un repos de trois semaines. C'est d'une arrogance insupportable, cette santé que l'on affiche en rentrant de congés. On ne peut tout de même pas rester en permanence avec ceux qui souffrent. Nous aussi, nous avons besoin de moments d'insouciance, de respirer l'odeur des pins, de nous prélasser dans un transat et d'entendre les rires joyeux de nos enfants. Personne ne s'en doute mais ils couvrent les gémissements des agonisants qui résonnent encore dans nos têtes.

— Docteur, vous vous souvenez, il y a un mois, ma femme allait très mal. Pendant votre absence, l'oncologue n'a plus voulu s'en occuper. Elle nous a demandé d'attendre votre retour et m'a informé qu'on ne pouvait plus rien faire dans son cas.

Message reçu. J'ai compris. Merci pour le cadeau. Lasse de porter le cas Françoise Berthier, ma collègue a lâché l'affaire. Désintérêt total et en plus, elle part en vacances. Alors, elle a opté pour une formule soft qui consiste à botter en touche et passer ce calvaire au premier venu : moi, un médecin interniste qui n'a aucune prédisposition pour les exécutions capitales et qui vient de passer trois semaines au bord de la mer. Je ne vais pas refuser, question d'éthique, je ne pourrais plus me regarder dans une glace.

Chaque fois, c'est le même scénario, je le connais par cœur. Doit-on expliquer les raisons de ce changement de médecin ? Les patients ne se posent même pas la question, tellement ils ont peur d'y répondre. Et nous, on évite le sujet car nous sommes conscients que les mauvaises nouvelles sont des poisons, des armes fatales qui font presque autant de dégâts que le mal. Peut-on froidement confirmer à cette femme qui est au bout du rouleau qu'on a baissé les bras et que tout traitement ne servirait à rien ? Non. Doit-on l'informer qu'il est inutile de la confier à un autre oncologue ? Doit-on lui dire que personne n'en voudrait puisqu'elle est condamnée ? Non plus. Que c'est l'été, que tout le monde est en vacances ? Bien sûr que non.

On en est là lorsque Monsieur Berthier, l'homme au costume et à la chemise noire, m'interpelle dans le couloir.

Après un hochement de tête, j'actionne la poignée de porte de la chambre dont le métal, soudain, me semble glacial.

Le mari me suit comme un automate. Le rideau de la fenêtre est tiré et il règne dans la pièce une légère pénombre. Malgré le nursing, des relents d'urine et de matières fécales s'imposent à mes fosses nasales. J'ai beau me retenir de respirer, pas moyen de se débarrasser de cette odeur lancinante due à l'incontinence. Je l'avais presque oubliée pendant mes vacances.

Un groupe d'amis est aux côtés de Françoise. Je les avais croisés avant de partir. Ils sont cinq et font comme si de rien n'était. Des fidèles, des vrais qui, malgré l'horreur, lui ont fait le cadeau de ne jamais afficher de mines compatissantes. Ils ne l'ont pas lâchée de l'été et sont venus chaque jour pour lui rapporter un peu de la vie du dehors.

Peu courants, cette présence, ce soutien. Ça change de ces familles qui viennent juste pour se renseigner sur l'avancée de la maladie afin de mettre en place des dispositions notariales.

Étendue sur le lit, il y a cette femme, Françoise. Elle a la cinquantaine sur son passeport mais le cancer a accéléré son vieillissement à une vitesse vertigineuse. C'est une ruine, un débris. Un gros ventre envahi par l'ascite, ce liquide qui s'accumule dans l'abdomen au stade terminal d'un cancer digestif, le reste de son corps décharné est celui d'une morte. Cela fait presque un mois que cette agonie dure. Et curieusement, elle est toujours vivante. Pas fréquent mais pas rare, des gens qui s'accrochent à ce point. Ils attendent un signe du destin. Sur la table de nuit se trouve une statuette de la Sainte Vierge. Lorsqu'on sort les objets de culte, ça ne laisse plus trop de place au doute. Dans ces moments-là, les gens se raccrochent à tout ce qu'ils peuvent et il y a même des agnostiques qui retrouvent la foi.

— Bonjour Madame.

Son regard intense m'attaque aussi efficacement qu'un chalumeau oxhydrique.

— Je vous attendais avec impatience. La cancérologue ne veut plus me faire de chimio. Comment vais-je guérir si on ne lutte pas contre la maladie ? Je ne peux pas rester dans cet état. Aujourd'hui, la science fait des miracles, alors, pourquoi pas pour moi ?

Françoise a le teint cireux, dans les jaune-vert, et s'arrête à chaque phrase pour reprendre son souffle. Si ses fonctions vitales l'abandonnent, son esprit refuse de quitter le navire et je suis surpris qu'elle s'exprime avec autant de facilité. Je l'encourage sans hésiter avec une de ces phrases bateau que tous les médecins utilisent.

— OK, je vais m'occuper de vous. Et sinon, le moral, comment ça va ?

— S'il vous plaît, exemptez-moi de questions dont vous connaissez déjà la réponse.

Je ne peux rien contre le mal qui la condamne mais il serait trop cruel de rester les bras ballants ou de lui avouer qu'elle doit se résigner à l'inacceptable. Alors, je mens.

— On va faire le maximum. Je vais me plonger dans votre dossier, demander tous les avis nécessaires et trouver une solution. On va se battre, je vous le promets.

— Ah ! C'est bien, merci. Dites-moi à quelle heure vous repasserez ce soir pour me faire part de vos conclusions. Enfin, je ne risque pas de vous rater, je n'ai rien d'autre à faire.

Elle est comme ça, Françoise, toujours dans la dérision. Même dans les pires moments, elle fait front. Elle ne lâche rien. Les cinq paires d'yeux qui l'entourent s'éclairent. L'accablement se fait moins lourd dans la pièce. Je lui souris. On n'a pas souvent ce genre d'échange avec les mourants. Je ne sais pas si elle me croit lorsque je lui déclare que je vais me battre pour elle. La façon qu'elle a de boire mes paroles et de me prendre la main me confirme à quel point l'espoir fait vivre. Enfin, survivre.

En sortant, son mari me rattrape dans le couloir. Il se donne des airs de connaître les réponses aux questions que je ne me suis pas encore posées. Qu'il se rassure, j'ai une longueur d'avance mais je ne le lui montre pas. Berthier me fatigue avec ses demandes. Il réclame de l'espoir, du soleil alors qu'il fait si sombre. D'après lui, je dois prolonger la vie de sa femme coûte que coûte mais il ne semble pas réaliser que la science lui a déjà tout donné. Alors, je m'abstiens de l'accabler avec des termes du genre : évolution inexorable, état inquiétant, stade terminal, et lui rappelle juste que si les médecins font tout leur possible, au bout du compte, le sort de sa femme est dans les mains de Dieu. Cette dernière phrase le plaque contre le mur du couloir et lui impose le silence. Je m'éloigne pour rejoindre le poste de soins.

2

Bureau du médecin au quatrième étage

— Salut, Vlaminck, il faut que je te parle de Françoise Berthier !

Béatrice est oncologue, la quarantaine bien sonnée. C'est une belle femme, pleine de vie avec ses tenues élégantes et discrètement sexy. Difficile d'imaginer en contemplant sa poitrine qui frémit sous son corsage qu'elle patauge à longueur de journée dans ces drames. Néanmoins, elle a mauvaise mine. Son teint est d'un blanc de porcelaine qui n'a pas vu un rayon de soleil de l'été. Même si elle répète qu'on travaille au calme pendant que la France est en vacances, elle m'informe que demain matin, elle prend un avion pour Buenos Aires. En attendant, la professionnelle méthodique m'attire dans le cagibi qui nous sert de bureau. Il donne sur des marronniers dans une petite cour. Béatrice, qui ne laisse jamais rien au hasard, me rabâche ce que je connais déjà.

— Elle devrait être morte depuis trois semaines. Pas le moindre espoir. Plus aucune fonction digestive. Le cancer a perforé ses intestins et elle a des métastases partout. Nous sommes dans une prise en charge strictement palliative et enfin, elle a demandé que tu t'occupes d'elle.

Je hoche la tête.

— On s'était rencontrés dans le passé. À cette époque, elle était déjà malade mais elle allait « bien ». Je l'ai recroisée avant les vacances et c'était la fin. Enfin, c'est ce que je m'étais imaginé.

À peine rentré, la trêve aura été de courte durée. Ça y est, ça recommence, ces scènes tragiques et ce cancer qui est plus fort que tout.

J'ai la tête ailleurs pendant que ma collègue débite son discours. Dire qu'hier, je prenais mon dernier bain et que je lézardais sur la plage. J'ai encore le goût du sel de mer dans la bouche.

— Elle ne reçoit plus aucun traitement. J'ai rarement vu une telle résistance. On l'hydrate mais elle continue de vivre, et son mari, pendant tout le mois, ne m'a pas lâchée d'un millimètre. J'ai eu beau lui répéter qu'il n'y avait plus d'espoir, il ne veut rien entendre. Il est resté planté là, devant sa porte, comme un samouraï. Je suis contente de partir parce que ça devenait de plus en plus pénible d'entrer dans cette chambre. Je ne savais plus quoi leur dire.

Lorsque j'écoute Béatrice parler de Madame Berthier, je ne sais pas si elle énonce un pronostic ou une sentence. Comme je ne dois pas avoir l'air attentif, elle insiste et, pour me convaincre, me fait part de son expérience. Des morts, elle ne les compte plus. Ça fait un bon cimetière, un peu plus de mille qui ont rendu l'âme entre ses mains. Si pour elle ce chiffre est une référence, je comprends qu'elle n'ait qu'une seule idée, filer à l'autre bout du monde pour tout oublier. Son répertoire téléphonique est une éphéméride. Pas moyen d'avoir des relations de longue date.

Lorsqu'elle tourne les talons et s'éloigne dans le couloir, je suis certain que dans sa tête, elle est déjà en chemin vers l'Argentine.

3

Dans la nosographie, la classification des maladies, les médecins ont inventé des termes pour égarer les néophytes. Comme les patients n'osent pas demander d'explications ni se jeter sur un dictionnaire au milieu d'une consultation, le praticien utilise des mots inconnus du public pour ne pas avoir à s'exprimer sur ce qu'il n'a pas envie de dire. Est-ce par pudeur, par délicatesse, par honte ou par prétention ? Probablement les quatre à la fois. Par exemple : une affection idiopathique, une maladie essentielle. Ces deux expressions signifient que la science, à l'heure où l'on se parle, ne connaît rien à la cause du mal.

Dans un compte rendu d'imagerie, sur une IRM ou un scanner, on parle souvent d'une lésion pour éviter de prononcer le terme « cancer » et de foudroyer l'intéressé qui s'aventurerait à sa lecture.

Lorsqu'on évoque une sédation profonde, au premier abord, le terme paraît agréable. Ça semble confortable, douillet, reposant. Du bon sommeil. En fait, il s'agit d'une procédure bien codifiée en médecine palliative qui consiste à endormir un patient en stade terminal jusqu'à sa mort.

Autant d'expressions anodines qui ne sont rien d'autre que des camouflages pour faire avaler l'insupportable, comme la voix douce et déterminée de Béatrice qui m'évoque un bourreau souriant à sa victime au moment de lui trancher la gorge.

Il lui a suffi d'une phrase pour résumer le cas Berthier.

— Nous sommes tous d'accord pour mettre un terme à ce calvaire.

Si je lui emboîte le pas, si j'accepte la sentence, à nous deux, nous serons plus efficaces que la plus immanente des injustices.

Le raisonnement est logique. C'est de l'arithmétique : on ne laisse pas agoniser quelqu'un qui n'a plus aucun espoir de vivre. Ça s'appelle la mort dans la dignité. Dans de nombreux autres cas, je ne l'aurais pas remis en question, mais cette fois, la conscience parfaitement claire et l'insistance de Françoise Berthier me troublent.

Je suis posté à la fenêtre, la tête dans les nuages, de grosses masses de coton sur fond bleu qui défilent en rangs serrés dans le ciel.

À mes pieds, égarés dans cette cour exiguë, poussent deux marronniers au milieu du bitume. Ils exhibent leurs fruits dans leurs gangues vertes. Bientôt, elles s'ouvriront pour laisser tomber des marrons et à ce moment, Françoise Berthier sera morte.

Accoudé au garde-corps, je savoure la douceur de l'air et contemple ces grands arbres dont les branches lèchent la façade de l'immeuble. Malgré un univers en béton, leur tronc témoigne d'une santé florissante. Je les observe depuis des années et, aussi étrange que cela puisse paraître, j'ai l'impression que leur présence m'apaise.

Je ne sais pas si j'ai raison ou tort mais je me demande si shooter Françoise comme on me le demande n'est pas une atteinte à sa liberté individuelle. Le plus souvent, dans les situations critiques, les décisions ne sont pas difficiles à prendre car le destin ne nous laisse pas le choix, les gens ont raccroché les gants ou sont dans le coma. Mais lorsque je croise le regard de Françoise Berthier, ses grands yeux profonds me reviennent ensuite sans cesse à l'esprit. C'est pour cela que je ne me décide pas à faire ce que Béatrice appelle mon devoir. Il arrive un moment où une voix s'élève au plus profond de mon être et m'indique que je ne donnerai pas cet ordre. En tout cas, pas aujourd'hui. Je n'en ai pas le courage. Peut-être suis-je un lâche…

Qu'est-ce qui nous permet de décider de la mort d'un être ? Lorsqu'on découvre un malheureux sur le bord d'une route, gravement blessé, doit-on le laisser mourir sous prétexte qu'on le juge irrécupérable ?

Je rumine dans le couloir lorsque mon portable sonne. C'est Béatrice qui m'appelle. Pas envie de lui parler. Voir son nom sur l'écran de mon téléphone m'exaspère et pourtant je décroche.

— Ça va ?

— Non, pas vraiment.

— Je ne t'ai pas fait de cadeau tout à l'heure. Tu n'as peut-être pas trop l'habitude… Et puis, j'ai oublié de te dire… La surveillante de l'étage m'a fait un sermon. C'est un service de médecine qui n'est pas dédié aux soins palliatifs. Alors, tu n'as qu'à la transférer ailleurs, ça te déchargera d'un poids.

À cette voix qui me caresse l'oreille et ces mots qui m'incisent comme une lame tranchante, je ne réponds rien. Pour meubler le vide, Béatrice me distille ses arguments qui, loin de me convaincre, induisent chez moi l'effet inverse.

— Ce n'est pas facile parce qu'elle a toute sa conscience et qu'elle a su tisser un lien avec nous.

Même si elle a raison, la fièvre me monte aux tempes.

— Tu es très attentionnée mais mon confort n'est pas le sujet dans cette affaire. Cette femme a toute sa tête et elle souhaite continuer de vivre. Pourquoi ne pas l'exaucer ?

Béatrice me rétorque :

— Je ne suis pas certaine que dans son état, elle soit apte à juger de ce qui lui reste à vivre.

— En ce qui nous concerne, tu sais bien qu'on se trompe tout le temps. Elle aurait dû mourir il y a un mois et elle est toujours là.

Tu sais bien qu'il est impossible de prévoir lorsque la mort survient. Même si elle n'y fait jamais allusion, Françoise Berthier y pense en permanence et elle ne dit rien ou presque. Normal, les malades enfouissent tout. On n'entend pas leur révolte. Ils ne s'aviseraient pas de nous l'infliger tellement ils nous redoutent car nous sommes le dernier rempart avant leur caveau de famille.

— Alors, qu'est-ce que tu décides ?

Je marche de long en large dans le couloir, le téléphone vissé à l'oreille. Si quelques instants plus tôt j'avais un doute sur ce qu'il fallait faire, les propos de l'oncologue m'ont convaincu. D'une voix grave, je lui fais part de mon intime conviction.

— Que ça ne presse pas. Tant qu'elle gardera sa conscience, ma priorité sera de lui laisser le peu de la vie qu'elle réclame.

— Vlaminck, tu es un sentimental.

Alors que nos arguments s'épuisent, je lui souhaite bon voyage et espère qu'elle trouvera la paix dans les rues de Buenos Aires.

Françoise ne saura jamais que ce matin, à la suite d'un simple échange téléphonique, elle l'a échappé belle, enfin, elle a gagné un sursis de quelques jours, peut-être quelques semaines. Rien de plus.

Lorsque je m'installe au bureau du quatrième étage, je décide de tout mettre en œuvre. En m'immergeant dans son dossier, je reprends la page de ses prescriptions. Elle est presque blanche. Il n'y a que deux lignes : un peu de sérum sucré et une petite dose de morphine. Juste ce qu'il faut pour la bercer, version « terminus, tout le monde descend ».

Au lieu d'appliquer une procédure de fin de vie et de la laisser glisser vers la sortie, je fais exactement l'inverse. Je passe à l'offensive et mets en place la résistance. Même si le cancer a gagné la guerre, Françoise disposera d'une vraie alimentation par perfusion et d'un cocktail médicamenteux destiné à lui rendre le maximum de force. Tout y passe et surtout des psychotropes, antidépresseurs, tranquillisants, et même des molécules destinées à l'empêcher de ruminer. La liste n'en finit pas. Je rajoute enfin des massages et le coiffeur. Tout cet attirail a pour objet de colmater les brèches de cette coque fragile et de fracasser la spirale d'idées noires qui la poursuivent puisque pour elle, il est devenu plus difficile de vivre que de mourir.

Après avoir noirci une page d'instructions, même si mes pairs vont déclarer que ma démarche est inutile et coûteuse pour la collectivité, je persiste, je doute mais je signe. Ça va secouer dans le service, on va me désapprouver, me combattre, mais mon instinct me guide. Il est le plus fort et je m'en fiche si l'on me sanctionne. Je m'éternise devant la fenêtre. Les branches des marronniers lèchent toujours le bâtiment. Je hais le cancer parce qu'on n'a pas encore trouvé la clé universelle pour le vaincre.

4

Bureau des consultations psychiatriques

Je navigue dans le couloir des consultations comme un bateau ivre. Si j'avoue que cette entrevue m'a ému et si certains me trouvent fragile, je préfère une sensibilité à de l'indifférence.

Pierre est psychiatre et c'est lui que je viens voir. Coup de chance, il baguenaude devant sa porte et ne doit pas avoir grand-chose à faire puisqu'il m'invite à entrer aussitôt dans son bureau.

Cette spécialité n'est pas uniquement un métier, c'est une manière d'être qui marque les personnalités d'une encre indélébile. Elle a fait de lui un personnage tout en intériorité, en bienveillance et en mystère aussi. D'un geste, il m'offre un fauteuil. À sa manière de me demander « Comment ça va ? », on pourrait s'imaginer qu'il me prend pour un de ses patients. Sans complexe, je lui raconte mes démêlés avec l'oncologue.

Dans un premier temps, Pierre me dévisage et ne dit rien. Il faudra de longues secondes avant que sa mâchoire ne se déverrouille.

— Acharnement thérapeutique, tu fais de l'acharnement thérapeutique. Ça veut dire poursuite des soins avec une obstination déraisonnable, ça veut aussi dire torturer un être qui n'a plus aucune raison de vivre. Mais dans ce cas, tu continues parce qu'elle te demande de la garder en vie. Le plus souvent les gens démissionnent et se laissent aller volontiers vers la mort lorsqu'ils faiblissent. Si elle ne souffre pas trop et si tu arrives à la maintenir, c'est une démarche louable pour le moment mais il ne faut pas se faire d'illusions, tôt ou tard la maladie dictera sa loi.

On se croirait à un prêche, avec sa voix grave. Assis dans le fauteuil, je le contemple. Il marche de long en large en parlant lentement. Chaque phrase est analysée, pesée au trébuchet. Progressivement mon estomac se dénoue. Pierre a l'art de me réconcilier avec moi-même lorsque ma vue se trouble.

Il poursuit son discours comme s'il était seul, en regardant par la fenêtre :

— On peut bien offrir à un condamné un sursis même s'il n'y a plus d'espoir. Pas facile de sortir des sentiers battus, de détourner les règles même si c'est pour le bien. D'un côté, les autorités nous rappellent le prix de journée d'hospitalisation, et d'un autre, on nous fait rêver avec le transhumanisme. À toi de porter tes valeurs, même si elles n'existent dans aucun manuel.

Sur le moment, je crois qu'il n'a plus rien à dire. Mais il se ravise.

— Dis-moi ce qui te donne cette audace de prendre régulièrement le parti de causes désespérées.

— Probablement parce que tout le monde les a lâchées et que cette indifférence me révolte. Et puis, je me sens plus utile dans les situations extrêmes.

— Ah oui, et pourquoi ?

Un voile passe devant mes yeux. Je ferais mieux de me taire, mais laisse entrevoir une faille dans ma cuirasse.

— Dans le passé, j'ai connu le malheur. Des ombres me hantent. Ça a fait de moi un homme qui se donne aux autres même quand tout est perdu. Tant pis si cela dérange.

— Tu as souffert…

— Oui, j'ai perdu une femme que j'aimais lorsque j'avais 25 ans et je crois que je ne m'en suis jamais remis. Alors, depuis, je répare…

Je me lève brusquement et quitte Pierre, embarrassé d'avoir trop parlé. Mes heures sombres ne regardent personne. J'espère qu'il fermera sa gueule.

De retour à mon bureau, une dizaine de patients attendent.

Des regards impatients convergent vers la porte. Ils veulent tous entrer en même temps. C'est pénible, ces gens qui s'agglutinent dans le salon d'attente. Ça me gêne et je dois me faire violence pour n'expédier personne.

Calé dans le fauteuil, je les écoute attentivement. Il y a de tout. Beaucoup d'inquiétude et des troubles mineurs. Engourdi par le ronron des plaintes, il arrive un moment où je baisse la garde. C'est à cet instant qu'apparaît un homme. Ce qu'il raconte m'inquiète. Mon oreille se dresse, mes sourcils se froncent. Je l'interroge, l'examine, mais quand j'essaie d'en savoir plus sur ses troubles, il se cabre. Alors, j'insiste, et il se ferme un peu plus encore, probablement à cause d'une vérité qu'il ne veut pas entendre. Le fait d'évoquer un éventuel problème cardiaque revient à informer le directeur d'une centrale nucléaire qu'il a une fuite radioactive. Plus j'avance et plus il s'échappe. Établir un diagnostic n'est pas toujours facile. Ce n'est qu'une partie du parcours qui peut s'arrêter net lorsqu'il faut combattre un sot qui ne veut rien savoir.

Ce soir-là, je n'arriverai pas à le convaincre et j'aurai, tout au plus, réussi à le mettre de très mauvaise humeur. Mais quelques jours plus tard, on m'informe que ce patient est décédé dans son lit, chez lui, d'un infarctus. Il aura payé cher d'avoir la tête dure et je me sens fautif de ne pas avoir assez insisté, de ne pas avoir usé de mon devoir d'ingérence. Échecs, rendez-vous ratés avec le salut. Et il faut avoir l'air serein avec son entourage. Alors qu'il n'y a que des visages grimaçants et de la culpabilité derrière nos masques.

5

22 heures. Je rentre enfin.

Habituellement, je ne prête qu'assez peu d'attention à la fatigue. Ce frein ne m'inspire que du dédain, mais ce soir, je suis vraiment épuisé. J'ai oublié de déjeuner et n'ai presque rien bu de la journée. Probablement la cause de ces nausées qui me poursuivent depuis la fin de l'après-midi.

À cette heure, dans l'appartement familial, l'effervescence a laissé la place au calme. Les devoirs sont terminés et comme chaque soir, c'est la même ritournelle : coucher les enfants car ils se lèvent tôt le lendemain. J'embrasse tout le monde et consacre quelques instants à chacun avec plus ou moins de succès car ils ne sont pas toujours disponibles pour ce papa qui l'est encore moins. À l'évidence, l'éducation ne se fait pas sur rendez-vous.

Inutile d'imaginer que je vais me détendre lorsque je fais réchauffer les restes du dîner dans le micro-ondes. Si, après cette journée, je crois m'être affranchi de mes ennuis, je me retrouve face à Dominique. Elle me reproche de la négliger et elle a raison. Pas heureuse en couple, et ce n'est pas nouveau. C'est une femme qui rêverait d'avoir un mari qui termine à 18 heures et dont les week-ends commencent le vendredi soir. Ma vocation de médecin est un idéal, une démarche passionnée. Pour Dominique, je ne suis qu'un être absent. En plus, je ne veux même pas fermer mon téléphone lorsque je rentre le soir. Pas moyen de lui faire comprendre qu'il n'y a pas de répit avec les malades.

Je ne me rends même plus compte de la charge qu'elle s'inflige avec nos quatre enfants et qui nourrit chez elle une animosité lancinante. Si l'amour a laissé au plus profond de nous des traces inaltérables, nos regards ne se croisent plus. Longtemps, j'ai cru que j'avais fait le plein d'adversité avant de rentrer chez moi. Naïveté consternante, je m'étonne régulièrement de la réprobation des miens. Et ça m'use, ça achève. Je n'arrive pas à me convaincre que j'en suis responsable après tout le bien que j'ai distribué pendant la journée. On n'attend pas qu'on vous traite en héros mais avec un minimum de chaleur et sûrement pas qu'on vous fasse la gueule quand on cavale régulièrement les nuits pour sauver la vie à des inconnus au lieu de rester douillettement auprès de sa femme. C'est pourtant le prix à payer pour s'être laissé submerger par son engagement. Alors, Dominique et moi restons seuls avec nos rancœurs et l'on s'écarte pendant que l'entourage s'imagine que nous sommes un modèle. Le temps passe mais il passe mal. Chaque fois qu'elle m'attaque, j'évite l'affrontement et fuis dans un petit bureau que j'ai aménagé dans l'appartement. Là, je suis à peu près tranquille. En fait, je crois que je n'ai pas le cœur assez grand pour y loger tout le monde.

Même si j'essaie de penser à autre chose, de faire cloison étanche, je me sens vieux avant l'âge. Et pourtant, devant la glace, j'ai la surprise de me trouver plutôt bonne mine et d'avoir gardé une fraîcheur, une expression juvénile dans le visage.

6

Le silence est absolu. Allongé sur le lit, bercé par la respiration de Dominique, je savoure la proximité de son corps. Tranquille, elle dort, son visage est serein. Au moins, elle n'est pas fâchée pendant son sommeil. Sûrement le meilleur moment entre nous. Je me contente d'être à côté d'elle. On a rangé les armes. Il est tard. Je ne vois même plus les heures passer et mon esprit vagabonde, assailli par toutes sortes de questions. Un médecin, la nuit, ça pense à ses malades, à tous ces problèmes sans solutions, à tous ces malheureux qui ont besoin d'aide. Je me tourne et retourne dans le lit. Le sommeil me néglige, il ne vient pas. Demain, je serai encore crevé.

Lorsque ma cervelle finit par s'engluer et que mes pensées cèdent la place à des rêves, je m'envole et emprunte des long-courriers qui m'emmènent au-delà de l'horizon. Je pars en voyage. Là-bas, pas de médecin ni d'hôpital, juste des rêves dont je ne me souviens presque jamais…

Le lendemain, à la maison, personne ne se doute que je débarque de l'autre bout du monde alors que je mijote tranquillement dans mon bain.

Le téléphone sonne. Il est 3 heures du matin. Une infirmière m'informe que Françoise a de plus en plus de mal à respirer. Je donne des instructions : trois litres d'oxygène par minute et radio des poumons en urgence. À peine ai-je raccroché le téléphone que la fatigue me fait sombrer, cette fois, dans un coma profond. Lorsque le téléphone sonne de nouveau, il est trois heures et demie et j'ai l'impression de ne m'être assoupi qu'une ou deux minutes. La voix du technicien radio me glisse dans l'oreille : « Épanchement pleural bilatéral majeur. » Autrement dit, les poumons, comprimés par du liquide, se sont rétractés et c'est ce qui l'empêche de respirer. J'ordonne qu'on la draine mais l'interne de garde me rappelle qu'il est inscrit dans le dossier de n'effectuer aucune tentative de réanimation sur cette patiente. Il va donc s'abstenir de tout geste salvateur. Soudain, je sors du néant et aussi de mes gonds. La révolte me réveille. J'ai beau lui expliquer que drainer un épanchement pleural n'est pas de la réanimation, il ne me laisse pas finir ma phrase et me raccroche au nez. Ce n'est pas la première fois que je me heurte à lui. Pas un méchant mais, pour lui, exercer la médecine c'est appliquer des procédures et rien de plus. Un simple pas de travers, la moindre faute de carre, peut coûter une vie. Je me demande souvent jusqu'à quel point les patients s'en rendent compte.

Habillé à la hâte, je suis dans la rue. À cette heure, Paris est un autre monde, il y fait doux et l'air semble moins souillé. Tout le monde dort sauf quelques noctambules et moi, qui fonce vers l'hôpital pour y repousser une exécution capitale. J'imagine le désarroi de Berthier si, au milieu de la nuit, on lui annonçait la mort de sa femme. Une chose est sûre, ça lui arrivera un de ces jours mais, je l'espère, pas cette nuit. Calé dans ma voiture, roulant à vive allure, j'écoute d'une oreille distraite le flash info qui débite les drames de la veille.

Dans les hôpitaux, c'est souvent aux aurores blêmes qu'on annonce les décès aux familles. L'intonation de la voix est neutre, sur le bord de la bienveillance, pourtant elle pénètre, tranchante comme une lame. On raccroche et ensuite, pendant des heures, ça va gémir dans les chaumières.

Comme une ombre, je traverse les urgences. On y rencontre toujours la même population d'égarés. Certains n'ont rien de grave et d'autres arrivent sur un brancard avec les pompiers, direction la réanimation. Le personnel est fatigué et marque le pas. Les gestes se font plus lents. On parle peu et les voix sont rauques. Je prends l'ascenseur qui me mène au quatrième étage et traverse les couloirs. Ils sont vides. La lumière des néons est encore plus blafarde que d'habitude. Quelque chose de l'ordre de l'instinct me dit que la mort va frapper. Alors ça clignote à l'orange dans ma tête et je hâte le pas. Dans la salle des infirmières, les radios sont restées sur le négatoscope. Un simple coup d'œil me suffit. Pas question de la laisser ainsi, sinon Françoise ne verra pas le jour. On est vraiment au Moyen Âge avec le cancer. Et dire que viendra le jour où on le neutralisera comme le sida ou l'hépatite C.

Je suis plongé dans mes pensées lorsqu'une présence se manifeste par-dessus mon épaule. C'est l'interne. Il a des joues roses avec son teint de roux et sa bonne santé.

— Vous voyez, c'est foutu. On n'a qu'à lui faire une dose de morphine…

Je le dévisage et me demande s'il n'a pas raison. Pourquoi ne pas abréger ce calvaire ? Mais je me reprends aussitôt :

— Tu lui as demandé son avis ?

Soudain, je le vois pâlir et rétorquer :

— La loi Leonetti nous autorise à placer le patient dans une sédation profonde et nous sommes totalement dans ce cadre.

— C'est exact, alors allons-lui demander ce qu'elle en pense.

Ne lui laissant pas le temps de répondre, je l'entraîne dans le couloir devant la chambre. J'ouvre la porte. Une infirmière est aux côtés de Françoise qui est encore plus grise que d'habitude. Assise sur son lit, elle halète et son regard s'éclaire en m'apercevant.

— Docteur, j'ai cru que vous m'aviez abandonnée.

Je tourne le robinet de l'oxygène au maximum et fixe l'interne. Il ne baisse pas les yeux.

Françoise, terrorisée, nous observe. Elle pense qu'elle va mourir…

— Eh bien, vas-y, pose-lui ta question. À moins que tu préfères l'injecter en direct sans lui demander son avis.

Je ne lui laisse pas le temps de me répondre.

— Mademoiselle, allez me chercher le matériel. On va la drainer immédiatement. Rassurez-vous, Madame Berthier, je m'occupe de vous, ça ira mieux dans un quart d'heure et vous pourrez vous rendormir tranquillement.

Sans aucune difficulté, j'aspire un liquide jaune citron, un jaune très clair, mêlé de quelques filets de sang. En quelques instants, on obtient plus d'un litre de lymphe de chaque hémithorax. Si Françoise ne reprend pas des couleurs, elle se calme et sa vilaine respiration est remplacée par des mouvements plus amples. L'interne me raccompagne et me lâche pendant que je me lave les mains.

— Bon, OK, vous l'avez soulagée, mais vous savez bien que ça va revenir et que de toute façon, elle doit mourir.

— Non, elle ne doit pas mourir, elle *va* mourir. Je sais, je suis peut-être con de m'acharner ainsi. Mais si c'était ta mère qui était en train d'étouffer, est-ce que tu aimerais qu'un médecin, dans ton dos et pendant ton sommeil, lui applique à la lettre la loi Leonetti ?

J'ai dû y aller un peu trop fort car il a tourné les talons et s'échappe dans le couloir. Après quelques secondes, le jingle de l'ascenseur m'indique que mon interlocuteur quitte l'étage. Il est probablement retourné se coucher et j'espère que je ne l'empêcherai pas de dormir. L'infirmière, une jeune et belle brune souriante, me remercie d'être venu si vite. Ce doit être une débutante. Elle a encore le cœur tendre.

Il est 5 h 30, il fait nuit noire et le jour se lèvera aussi pour Françoise.

Installé au volant, je roule la fenêtre ouverte. Si j'ai la conscience tranquille, je ne peux m'empêcher de me répéter que j'ai peut-être tort de m'acharner ainsi. Toujours la même question : ne vaudrait-il pas mieux en finir d'un coup sec lorsqu'on est au bord du gouffre ? Machinalement, je brûle un feu près de chez moi. Une voiture de la BAC m'arrête. Je n'ai pas mes papiers et, au début, les policiers me prennent pour un voyou avec mes yeux d'illuminé et mes joues grises, mal rasées. Quand je finis par les convaincre que je suis médecin, j'ai droit à un sermon. Je reconnais ma faute. Ça les apaise et ils me relâchent.

Aussi énervé que fatigué, je traverse l'appartement sur la pointe des pieds et m'installe dans mon bureau car, après ce que je viens de vivre, impossible de dormir. Un peu plus tard, le jour se lève et je finis par m'effondrer aux côtés de Dominique qui dort paisiblement.

7

C'est toujours aussi pénible, ce téléphone qui me défonce les tympans alors que je dors profondément. Il est 8 h 15 et je débarque du néant. De là où je viens, c'était profond, un bercement imperceptible, une sensation douce, comme une petite mort…

La secrétaire m'informe que le salon d'attente se remplit d'une façon inquiétante. Mon cerveau est engourdi et j'aimerais bien me rendormir. Tant pis pour ceux qui attendent, j'ai besoin d'au moins un quart d'heure dans mon bain. Dominique me regarde en fronçant les sourcils. Je veux l'embrasser mais elle me repousse car elle n'a toujours pas digéré nos échanges de la veille. Si elle savait que c'est loin et que je les ai même oubliés après la nuit que je viens de passer… Je prends un air coupable pour l'apaiser, me plonge dans l'eau tiède et ferme les yeux. Après quelques minutes, sans m'en rendre compte, je suis retourné d'où je viens.

★★★★

Une fois de plus, je demande pardon à ceux qui s'impatientent dans le salon d'attente alors que je viens de brûler au moins trois feux rouges.

La femme qui s'installe devant moi a une expression grave, empreinte de dignité, elle doit avoir dans les 70 ans avec un beau visage patiné par le temps.

— Je ne veux pas vous faire perdre votre temps, il y a des gens qui attendent…

— Non, Madame. Je suis là pour vous et aucune influence extérieure ne doit raccourcir notre rencontre.

Elle sourit et dépose la charge de ses tourments sur le bureau : son mari est au bout de sa vie. Elle l'aime tendrement mais elle est épuisée. Porter cette déchéance est un rocher qui pèse de tout son poids sur sa poitrine.

— Il est toute mon histoire. On a toujours vécu ensemble. Je n'aurais jamais cru que ça finirait ainsi. Il est plus jeune que moi et, longtemps, j'ai cru que je partirai la première.

La voilà qui s'engage dans la douloureuse description de son quotidien. Toujours le même refrain : une surveillance de chaque instant, il fait n'importe quoi, il dit n'importe quoi, il ne se souvient plus de rien. Elle voudrait de l'aide, quelque chose qui lui donne de la force pour tenir. Jusqu'où ? Elle n'en sait rien.

— Peut-être suis-je trop exigeante et il n'y a pas de remède. En tout cas, je vous remercie de m'avoir écoutée, ça m'a fait du bien.

Elle se lève et je la fais rasseoir.

— Si, si, Madame, on peut vous aider. C'est une question de chimie et aujourd'hui, nous disposons de molécules efficaces.

Je réfléchis et ne tarde pas à lui concocter un cocktail qui va soulager son angoisse et la rendre plus forte contre l'adversité.

— On va se revoir et vous me direz si ça vous a rendu la vie plus supportable.

En la raccompagnant à la porte, perplexe, je réalise que je fais plus de bien aux étrangers qu'aux miens et cela me désespère. C'est probablement parce que je ne suis pas marié avec eux.

Je devrais consacrer plus de temps à Dominique. En fait, je ne suis qu'un égoïste qui voudrait que sa femme, la mère de ses enfants, soit aussi une amie, sa complice et sa psychothérapeute. Et en plus, qu'on me traite comme un pacha sous prétexte que j'ai la vocation. Ce n'est pas la conception d'un couple moderne. Le verdict sonne dans ma tête comme un blâme. Une sueur froide me parcourt l'échine. Des picotements envahissent mon visage. Le malaise monte. Il vient par vagues. Je m'éclipse dans le bureau et me rince longuement la figure. Eau chaude, eau froide, massage du cou pour me détendre. Je respire amplement et reconnais les symptômes, presque oubliés pendant les vacances. Je suis soumis à un mélange de tension nerveuse, de culpabilité et de fatigue. Amateur de sensations fortes, je me joue de la souffrance et m'amuse à observer mon malaise.

Quand je réapparais à la porte du bureau, la secrétaire a tout compris et m'interroge du regard…

— Ça va aller ou j'annule les consultations ?

Je lui souris avec complicité.

— Faites entrer le suivant.

Un homme aux larges épaules se lève. Probablement un ancien catcheur qui me tend les résultats de son bilan. Un coup d'œil rapide sur mes notes me rappelle la consultation précédente puis je procède à une lecture détaillée des résultats et à chaque paragraphe, les nouvelles tombent. Tout est normal et ça l'inquiète.

— Alors docteur, vous n'avez rien trouvé ?

— Vous savez Monsieur, dans le domaine de l'impuissance sexuelle, on commence par rechercher des causes objectives comme un diabète ou un trouble hormonal. J'ai même vérifié l'état des artères qui irriguent votre pénis. Tout est normal. Dans votre cas, des problèmes psychologiques sont très probablement à l'origine de ce trouble.

Il me regarde, écarquille les yeux, et je sens bien qu'il ne me croit pas. Mon hypothèse lui semble une sortie de secours parce que je n'ai pas découvert ce qu'il a.

— Tout de même étrange que le Viagra ne marche pas. Aucun effet. Et pourtant j'ai pris la dose maximum.

On tergiverse, je lui pose encore quelques questions et il finit par m'avouer qu'il prend le comprimé cinq minutes avant de s'occuper de sa compagne.

— Il faut laisser au moins deux heures à la pilule bleue pour agir.

La réponse ne lui convient pas. Il s'obstine et exige un remède qui agisse instantanément.

— Il y aurait bien une injection que l'on fait à la base de la verge et qui entraîne une érection immédiate. Le résultat est garanti.

À l'idée de voir son sexe transformé en brochette, il bat en retraite et se lève pour partir. Au moment où il passe la porte, au lieu de se diriger vers la secrétaire, il se retourne…

— Je vous dois quelque chose ?

— Présenté comme ça, vous ne me laissez même pas l'opportunité de vous l'offrir.

Agacé, d'un geste de la main, je lui montre la sortie.

Il n'est pas le seul à faire ce genre de phrase. C'est régulier et chacun trouve sa formule. Les plus culottés partent sans rien dire et pas question d'invoquer un oubli. Dans ces cas, lorsque la secrétaire m'informe d'une indélicatesse, je ne bronche pas et ne m'abaisserai pas à leur courir après dans le couloir.

La matinée se passe. J'ai besoin d'avoir l'esprit parfaitement clair et ce matin, ça ne va pas très bien. J'ai comme un voile devant les yeux. Soudain, la sonnerie de l'alarme générale de l'hôpital se met en route. Il y a une urgence absolue et l'on m'informe au téléphone qu'elle se trouve juste à côté de moi. On vient de trouver un homme inanimé dans les toilettes qui sont près de mon bureau. J'écarte le petit groupe qui s'est formé dans le couloir et découvre un homme âgé, débraillé, les yeux révulsés, vautré sur la cuvette. Son corps ne le porte plus. Il est livide, un teint qui ne trompe pas. Pas de pouls carotidien. Il ne respire plus. Les pupilles sont en mydriase. Plus rien à faire. Tous les signes concordent. Il est mort et en plus, il s'est fait dessus. Une puanteur fécale a envahi le local des W-C. J'ai l'impression que toute sa vie vient de s'engouffrer dans sa bouche grande ouverte. Dans le couloir, une femme encore jeune pleure. Elle cachait ses yeux derrière les mains et me les offre pleins de larmes au moment où je la croise.

— Comment va-t-il ? Je suis sa fille. Nous attendions à la consultation de cardiologie et il a voulu aller aux toilettes.

Pris au piège dans ce face-à-face, j'ai l'impression de lui tirer dessus à bout portant.

— Je suis désolé, il s'est éteint brusquement et nous sommes arrivés trop tard. Son cœur a probablement lâché.

Je reste un moment auprès d'elle. Puis, lentement, un peu plus dévasté encore, je retourne à mon bureau.

Les gens défilent. Je suis ailleurs mais je hoche la tête comme un automate pour leur faire croire que je suis à l'écoute. Le simple fait de se confier les soulage… Mon esprit s'évade. Les vacances me paraissent déjà si loin.

La sonnerie du téléphone retentit encore. Une infirmière du quatrième étage m'informe que le mari de Françoise Berthier veut me voir. Il m'attend devant sa chambre. Je monterai dans quelques instants.

8

En arpentant les escaliers, je rencontre des collègues qui parlementent sur le palier du troisième étage. Berthier attendra.

Dans un hôpital, il est fréquent de croiser des médecins qui papotent dans les couloirs. On croit qu'ils tiennent des propos sans importance. Il n'en est rien. C'est le plus souvent entre deux portes, au hasard des rencontres, que des destins basculent ou que des miracles s'accomplissent. En trois mots, des décisions se prennent, elles seront énoncées aux familles comme des paroles d'Évangile.

Mon histoire avec Françoise est sur toutes les lèvres. J'ai droit aux commentaires des uns et des autres.

Pierre, le psychiatre, est allé la voir par curiosité. Elle l'a mis à la porte en lui déclarant que si son corps était très malade, elle n'avait pas perdu la tête.

— Elle a une force vitale rare. Dommage qu'elle meure bientôt, c'est une femme remarquable. Et toi, tu fais ce que ta conscience te dicte et ton combat n'est pas facile.

— Pour certains, je suis un don Quichotte et je ferais mieux de baisser les bras et de passer à autre chose.

Un collègue :

— Ne perds pas ton temps. Ça ne sert à rien de tergiverser. Il vaut mieux laisser mourir quand il n'y a plus rien à faire.

Le psychiatre :

— On voit bien que tu ne te mets pas à la place des condamnés. Et les familles, tu as pensé aux familles ? Elles ne sont pas toujours prêtes.

Le collègue :

— On n'est rarement prêt devant la mort. Et nous, on rend service aux gens sans qu'ils le sachent en abrégeant leurs souffrances.

Le cardiologue :

— La sécurité sociale ne va pas te dérouler un tapis rouge. Chaque jour supplémentaire a un prix.

Un autre collègue :

— Je reviens de Suisse où l'euthanasie est quasi en libre-service. J'y ai longuement parlé avec un responsable de soins palliatifs. Pour lui, lorsqu'ils sont bien portants, les gens souhaitent en majorité qu'on abrège leurs tourments en cas de phase terminale. Par contre, lorsqu'ils sont au pied du mur, s'ils ont leur conscience, ils ont presque tous changé d'avis. Ils supplient à genoux qu'on leur laisse un jour, une heure supplémentaire. C'est un réflexe d'instinct de vie.

Moi :

— Pourquoi ne pas leur donner ce qu'ils demandent ?

De quel droit impose-t-on l'heure ou le jour du départ ? Et de plus, avons-nous toujours raison pour le pronostic ?

L'autre collègue :

— En fait, nous le savons tous, lorsqu'ils sont au bout du rouleau, le plus souvent, les gens ont déposé les armes. Quand la mort approche, une sorte d'algorithme se met en marche pour les mener vers la sortie. La nature a tout prévu, elle est bien faite.

Je les observe attentivement, ces collègues bien portants. Que décideront-ils pour eux ou leur famille lorsque leur jour viendra ? On parle, on parle, ils me sourient car je suis l'un des leurs mais ils n'imaginent pas que je raconterai, un jour, leurs certitudes.

★★★★

Lorsque la peine de mort existait en France, les jours qui précédaient l'exécution, on appliquait aux condamnés un régime de faveur. Ce n'était pas une instruction ministérielle, mais juste un usage. Repas améliorés, tabac, alcool. Ils trouvaient leur vie un peu moins austère dans les derniers moments sans jamais faire le rapprochement avec ce qui allait leur arriver. Et il n'y avait personne pour les en informer. Si, en 1982, Robert Badinter a mis fin aux exécutions capitales, les couloirs de la mort ont continué d'exister pour les grands malades. Mais l'administration n'a rien prévu pour adoucir leurs derniers jours. À croire que le réconfort n'était réservé qu'aux assassins.

★★★★

De la fenêtre du bureau du quatrième étage, les marronniers semblent soudain fatigués. J'ai dû pâlir, moi aussi, sous mon bronzage. Les résultats de Françoise sont catastrophiques. Sur le coup, je suis désorienté. Je savais qu'elle était condamnée et on me l'avait rabâché, mais cette fois la maladie serre le nœud coulant autour de son cou. Le cancer a encore gagné et sur tous les fronts. Les marqueurs tumoraux sont au-dessus de 1 000 alors qu'ils devraient être inférieurs à 5. Les os, le foie, les poumons, le tube digestif, le péritoine, tout est contaminé. Curieusement, son cœur s'accroche et il tient bon malgré le naufrage. Coûte que coûte, elle semble tenter de se convaincre qu'elle finira par guérir alors qu'elle avance à grands pas vers une issue fatale. On le sait, on se le répète et chaque jour, elle nous surprend en répondant présente à l'appel.

Lorsque j'entre dans la chambre, un filet de voix m'interpelle. Le son est faible mais la diction est impeccable. Ça me dépasse d'être dans cet état et de garder une telle acuité cérébrale.

— Avez-vous mes résultats ?

— On les aura dans quelques instants…

Je lui souris et m'installe à ses côtés. En contemplant ses grands yeux bleus que le cancer n'a pas réussi à ternir, je jure solennellement, dans les profondeurs de mon être, que je me battrai jusqu'à ce que le destin la rappelle.

— Vous devez être résistant, me dit-elle. Malgré vos nuits blanches, vous avez bonne mine. Ça me fait du bien de savoir que vous êtes solide.

Elle est à terre et n'émet pas un cri, la maladie lui a volé toute révolte. Avec un ton de voix qui n'est plus qu'un murmure, Françoise évoque avec nostalgie l'époque où elle se portait bien.

— Il est loin pour moi maintenant, le temps où j'allais à la plage. Parfois, je pense au bruit des vagues ou à l'odeur de l'huile solaire sur ma peau. C'est si loin tout cela. Aujourd'hui, mon univers s'arrête au bout de mon lit, même plus l'espoir d'atteindre le couloir. Mes rêves : ne plus être attachée à une perfusion, manger un cheese-cake et prendre une douche. Ce serait un bonheur absolu de sentir, enfin, mon corps lisse et propre. Je n'en peux plus de ces séances avec l'aide-soignante, le gant de toilette et le savon qui me colle à la peau.

La remarque me fait l'effet d'une brûlure au visage. Comment, moi, le bien portant, celui qui traîne dans son bain pour se relaxer et qui s'habille de propre tous les jours ! Celui qui a de la force, du souffle, de l'appétit, celui qui va aux toilettes sans se rendre compte de ce bien-être ordinaire ! Comment celui qui n'a mal nulle part n'a pas été capable de deviner et d'aider Françoise à réaliser ses rêves ?

— OK, je m'en charge, je vais vous transférer dans une chambre où il y aura un aménagement spécial pour prendre une douche chaque jour. Quant au cheese-cake, j'irai vous en chercher un moi-même dès demain.

Je finis à peine ma phrase et réalise soudain que la sonde gastrique va rejeter aussitôt la pâtisserie dans le pot en plastique qui est au pied de son lit. Sur le coup, je regrette ma proposition puis je me reprends. Je le lui rapporterai, ce gâteau, et tant pis s'il est aussitôt recraché par la sonde. Au moins, elle aura son amélioré du condamné.

En sortant de la chambre, pas moyen d'échapper au mari qui m'attend dans le couloir. Nerveux, comme d'habitude, il m'interpelle et l'on s'installe dans le petit bureau de l'étage. Je prends l'initiative de lui poser une question ouverte pour qu'il sorte tout ce qu'il a sur le cœur.

— Alors, qu'est-ce que vous me dites ?

Je ne sais pas s'il connaît ce procédé d'interrogatoire mais il marque un silence. Berthier me dévisage, me scrute comme une curiosité. Il prend son menton entre le pouce et l'index de sa main droite et entrouvre les lèvres :

— Quelque chose me dit qu'elle va s'en sortir. Tout à l'heure, dès que j'ai vu votre visage, j'ai pensé que vous alliez m'annoncer une bonne nouvelle.

Si je devais décrire mes yeux à cet instant, je dirais qu'ils sont vitreux. Deux billes de verre fêlées, écaillées, dans lesquelles on pourrait tout imaginer sauf de bonnes nouvelles. Je suis souvent le témoin de réactions inattendues. Mais cette fois, sous le choc, face à un tel déni ou une telle inconscience, je baisse les yeux et me concentre.

— J'ai les résultats des investigations. Mais dois-je tout vous dire ?

— Oui, bien sûr, vous pouvez parler librement. Je suis prêt à tout entendre et tant pis pour moi si vous me tranchez le cou. Par contre, quel que soit le pronostic, je vous demande d'annoncer à ma femme que les choses suivent leur cours et rien d'autre. Car on ne peut jamais savoir ce que l'avenir nous réserve, n'est-ce pas ?

— C'est d'accord, fais-je, je ne dirai rien, et il y a toujours une part d'inconnu…

Ses yeux lancent des flammes.

— De toute façon, quelles que soient vos conclusions, si vous ne faites pas ce que je vous demande, nous changerons d'hôpital.

Ces mots s'abattent sur moi comme de la grêle. Messager qui apporte la mauvaise nouvelle, ils me transforment en bourreau. Cet homme est aveugle et sourd, enragé jusqu'à mordre tous ceux qui l'aident. Les gens sont parfois si troublés qu'ils confondent leurs alliés avec leurs ennemis. Quant à lui, il ne réalise pas que le seul transfert possible pour sa femme est vers le service de soins palliatifs. Autrement dit, au point final de son histoire. Je ne lui dirai rien donc au sujet de ses résultats puisqu'il ne veut rien entendre. Dans le cadre d'une gymnastique qui m'est familière, je lui déclare :

— OK, si j'ai bien compris, vous considérez que toutes les décisions vous appartiennent. De mon côté, je dois vous rappeler que nous sommes dans une obstination thérapeutique déraisonnable et que je vous ai suivi jusqu'à présent. Sur la demande de votre femme et aussi la vôtre, je vous promets de continuer de tout tenter pour qu'elle survive. Mais n'oubliez jamais qu'au final, c'est le destin qui a le dernier mot.

Sans élever le ton, il martèle ce qui ressemble à un ultimatum.

— Inutile de remuer le couteau dans la plaie, vous croyez que je ne me rends pas compte de son état ? C'est une obsession de tous les instants.

L'homme s'est redressé, et ses yeux, grands ouverts, semblent m'engloutir. Je reste impassible et lui tends une main franche.

— Je suis votre allié et je vous renouvelle mon engagement même si votre demande s'oppose aux règlements.

Berthier, le combattant, est à terre. Il est passé de la rage à l'accablement. Il ne pleure pas et je me demande si ce n'est pas pire. D'une voix profonde, il finit par me confier :

— En fait, il faudrait que vous la fassiez tenir jusqu'aux 18 ans de notre fils.

— Je sais, elle m'en a déjà parlé. C'est quand ?

— Dans cinq mois et demi.

Aussi déraisonnable que mon interlocuteur, je m'entends encore lui répondre :

— D'accord, je vais m'y employer.

— Merci de m'avoir compris.

Je retourne dans la chambre et Françoise m'observe…

— Alors ?

Je lui annonce que son état est stable et mens à peine puisqu'il est exécrable. Pendant que je lui donne quelques détails sur ce qui fonctionne encore chez elle, je l'observe discrètement. Elle ne comprend pas grand-chose à mon charabia mais elle me regarde dans les yeux pour savoir ce que j'ai dans le cœur. Je suis sûr, cette fois, qu'elle y voit juste, qu'elle ne se trompe pas car j'y mets toute la ferveur de mon être.

9

Le plus souvent, lorsque les hommes parlent des infirmières, elles sont l'objet de leurs fantasmes. Si quelques-unes jouent de leurs charmes, la plupart supportent mal qu'on ne les considère que pour le contenu de leur blouse parce qu'elles exercent un sacerdoce.

Aujourd'hui, je suis convoqué à une réunion d'infirmières et d'infirmiers sur le cas Berthier. Je suis d'autant plus à l'écoute de ces indispensables collaborateurs qu'ils passent des heures avec les patients, recueillent leurs confidences – souvent celles qu'ils ne font pas aux médecins. Rien n'avance dans un service si nous n'avons pas leur estime et leur soutien. Ce ne sera pas une partie de plaisir et je me doute que la météo ne me sera pas favorable… Si je ne redoute pas d'être malmené, car cela m'arrive régulièrement, j'ai le pressentiment que je vais devoir allier la souplesse du roseau à la puissance d'un chêne.

On est en tout début d'après-midi et j'entre dans la salle de repos de l'étage. Elle se résume à une table en formica et des chaises, une machine à café, un petit frigidaire et une boîte de sucres en morceaux. Tout le monde est là.

Je fais un sourire en guise de remerciement à la fille qui me sert du café. Silence dans la salle. Le liquide noir et chaud qui s'écoule dans ma gorge me réconforte vu l'ambiance qui règne dans la pièce.

— On aimerait savoir où vous en êtes avec Madame Berthier ?

Je tourne la tête vers la surveillante, une femme aux cheveux blond filasse qui a atteint, depuis peu, les amertumes de la cinquantaine. Elle a des cuisses de sportive dans son pantalon blanc et un peu plus haut, à l'évidence, une poitrine généreuse. Ce physique cache quelque chose que l'on ne détecte pas de prime abord : cette femme tyrannise les sujets de sexe masculin. Je n'y ai pas échappé même si je la tiens à distance. Plusieurs fois, j'ai eu droit à des qualificatifs : autoritaire, macho… Toutes ces provocations me démontrent que c'est une personne difficile. Quant à moi, je m'efforce de l'atermoyer pour la bonne marche du service.

Un coup d'œil rapide sur les autres me fait comprendre que je n'ai pas que des alliés dans la salle. Je déteste les conflits et leur explique les particularités du cas Berthier. On m'écoute avec attention. Il n'y a aucune réaction à l'exception de la surveillante qui se contente d'exiger sèchement :

— Elle doit être transférée en soins palliatifs. Et au plus vite. Ici, on ne traite que des patients pour qui on a un projet thérapeutique. Pour cette femme, vous le savez parfaitement, il n'y a aucune perspective de rémission ni de traitement.

Chantal, car elle s'appelle Chantal, instruit à charge puisque je suis la cible qu'elle veut abattre. Françoise Berthier n'y est pour rien, c'est un ennui de plus que la surveillante aurait remis au lendemain si je n'existais pas. La tension monte. Ça me démange de lui rétorquer sur le même ton. Je ne lui offrirai pas de me mettre en colère. Au contraire, je fais de mon mieux pour développer devant les soignants un subtil parallèle entre le règlement et l'humanité. Mais disserter sur le sens moral n'est pas un sujet à la mode et j'ai beau m'expliquer, on en revient toujours au même point : je dois offrir la tête de Françoise, planning des lits oblige.

— Alors, ça y est, vous la précipitez dans le gouffre ? Pour vous, elle est devenue un numéro de dossier et vous disposez comme bon vous semble de ses dernières heures. Cette décision ne vous appartient pas. Si Françoise se trouve bien ici, on la gardera tant qu'elle aura sa conscience et même si elle donne un peu plus de travail. On peut bien le faire. Question de charité. Et puis, c'est pour une courte période, vous le savez bien…

Il y a un silence mais Chantal s'enferre et exige le transfert le jour même. Magali, l'infirmière la plus gentille de l'hôpital, propose de se donner quelques jours de réflexion supplémentaire. Pour ne pas avoir pris le parti de sa cheffe devant l'ennemi, la malheureuse risque de se retrouver en service de nuit dès la semaine prochaine.

À la surprise générale, j'exige que l'on change Madame Berthier de chambre pour qu'elle puisse prendre une douche. Cette fois, la guerre est déclarée. Impassible puisque je n'ai rien à faire des exigences de la surveillante, je me ressers du café. Ses yeux lancent des flammes et elle me jette au visage, pour m'humilier publiquement devant ses collègues :

— Si vous étiez mon mari, je mettrais du poison dans votre café…

Chantal exulte, elle espère m'avoir blessé et je lui réponds d'une courte phrase. On dit qu'elle est de Winston Churchill :

— Si j'étais votre mari, Chantal, je le boirais sans hésiter.

À peine ai-je quitté la salle que Magali me rejoint dans le couloir. Dorénavant cela va devenir irrespirable, pour moi, à cet étage. Je l'interroge du regard. Elle baisse les yeux et m'explique :

— En fait, vous êtes le sosie de son ex-mari. La ressemblance est troublante. Il l'a plaquée il y a quelques mois pour une femme beaucoup plus jeune. Alors, le simple fait de vous voir lui donne de l'urticaire. Quoi que vous fassiez, avec elle, vous serez son mouton noir.

★★★★

Pas le temps de déjeuner, il est 14 heures. Des gens m'attendent en bas. Assis sur un banc, dans un couloir, je mastique méthodiquement une barre énergétique avant de descendre une bouteille d'eau presque d'un trait. L'effet ne se fait pas attendre, la barre gonfle comme une éponge dans mon estomac et ma faim s'estompe. Le défilé reprend dans le bureau pendant une bonne partie de l'après-midi.

Au moment où je raccompagne un patient, ma secrétaire m'informe que le directeur souhaite me voir.

— Il y aurait eu une plainte à votre encontre, ajoute-t-elle à haute voix dans le salon d'attente devant tout le monde.

La phrase m'incise les chairs dans ce que j'ai de plus sensible. Des têtes se dressent pour me dévisager. Sans rien laisser paraître, j'empile cette contrariété avec les autres, et après avoir examiné deux patients, n'y tenant plus, je m'éclipse discrètement.

Dans l'ascenseur qui me mène à l'étage de la direction, j'envisage toutes les possibilités. Être un bon docteur est aussi une posture défensive contre les irascibles. Ne pas déraper est un défi et parfois une victoire sur les mal embouchés.

Que va-t-on me reprocher ?

Je m'attends au pire au moment où la cabine de l'ascenseur atteint l'étage. Les portes coulissent avec un bruit feutré et, pendant ces quelques secondes, je réagis à mon manque de consistance, en m'infligeant un bon coup de pied au cul qui me met en demeure de redresser la tête.

Ces mêmes fesses apprécient le fauteuil en cuir rouge du salon d'attente, le supplément de confort octroyé à ceux qui fréquentent la direction. Après une attente protocolaire, c'est-à-dire ni courte ni longue, la porte s'ouvre. Le directeur des affaires médicales me salue. Je le trouve étrangement aimable à sa manière de me servir du « cher Monsieur ». Après les demandes d'usage au sujet de ma famille, il va droit au but, d'une voix monocorde.

— Au quatrième étage, on ne comprend pas votre projet thérapeutique avec Madame Berthier. Que pouvez-vous me dire ?

C'est donc ça la plainte ! On m'attaque sur ce que j'ai de plus cher : l'éthique. Je retrouve instantanément de la stabilité. J'ébauche un vague sourire. En deux secondes, mon esprit a fait le tour de la question. J'avale ma salive et m'entends lui répondre calmement :

— Je fais de mon mieux pour l'accompagner.

— On me dit que vous vous livrez à un acharnement thérapeutique totalement déraisonnable.

Une colère froide monte un peu plus haut entre mes tempes.

— Cette femme est dans les couloirs de la mort : cancer à un stade terminal. Je n'ai aucun projet thérapeutique. C'est juste une question d'humanité. Elle nous quittera très bientôt mais elle s'accroche à la vie avec une volonté hors du commun. C'était une question de jours qui s'est transformée en plusieurs semaines lorsque son mari m'a demandé de la faire durer jusqu'aux 18 ans de son fils.

— Effectivement, c'est dramatique.

— Mais pourquoi ces questions ? Y a-t-il une plainte officielle ?

— Oui. La surveillante du quatrième étage vous accuse d'avoir refusé de transférer la patiente en service palliatif et vous auriez ordonné de la changer de chambre pour qu'elle ait une douche pour handicapés. La surveillante considère que cette demande est injustifiée et destinée à surcharger le travail du service. J'ai dû prendre en compte la requête de cette cadre de santé car vous admettrez que l'on ne peut pas répondre aux caprices de chacun. Quel intérêt y a-t-il à faire prendre une douche à une patiente dans une situation aussi critique ?

— J'ai posé cette demande et j'ai dû l'exiger. Décidément, vous n'êtes pas le premier à me poser la question. Alors peut-être ne suis-je pas assez explicite… Monsieur le directeur, si votre femme ou votre mère était dans le même état, lui refuseriez-vous de se sentir un peu plus propre, un peu plus fraîche avant de mourir ? Doit-on appeler cela un caprice ? De la futilité ? Je suis triste d'être convoqué auprès de vous et de devoir m'en justifier. Est-ce que l'on pourrait laisser les médecins faire preuve d'humanité et me confirmer que cela fait partie de notre travail ?

Il a de bons gros yeux marron, le directeur, et il les roule dans tous les sens avant de répondre. Sa bouche s'ouvre puis se referme. Il finit par lâcher :

— Bon, écoutez, Vlaminck, on a dû mal m'expliquer. Vous savez que l'acharnement thérapeutique est controversé, aussi bien par le corps médical que par de nombreuses associations. Mais le cas de cette pauvre femme est particulier et je ne peux que vous féliciter de votre initiative.

— Monsieur, êtes-vous sûr que c'est à nous d'imposer quand ou comment on doit mourir ? Ne pensez-vous pas que les patients et leurs familles ont leur mot à dire ? Il faut faire preuve d'un peu plus de respect envers ceux qui vivent leurs dernières heures.

— Dorénavant on fera une « procédure Vlaminck ». Je vais transmettre un mémo à l'étage en demandant qu'on vous aide au mieux dans votre tâche.

— Merci Monsieur.

On se serre la main comme si on venait de signer un accord de dénucléarisation Est/Ouest et je disparais, de retour vers les profondeurs.

10

Il est 14 heures. Dehors la température a chuté, le ciel est gris et il tombe un petit crachin breton. Je suis dans le couloir des consultations avec des collègues et on ne parle pas de médecine : nous sommes saturés par les malades.

La récréation est terminée. Chacun doit retourner dans son bureau mais Pierre, le psychiatre, nous raconte une histoire. Et quand Pierre raconte, on l'écoute pour sa dose d'humour et de philosophie.

Il nous explique qu'il vient de recevoir une patiente délirante dont le discours était totalement incohérent, discordant, autrement dit incompréhensible même si elle s'exprimait en français. Pendant une heure, il a reçu un flot de paroles sans queue ni tête sans la moindre possibilité de les décrypter ou d'y comprendre quelque chose. Et pendant ce temps, Pierre, assis à son bureau, impassible, devait l'écouter attentivement. Mais comme il nous le confie, après une dizaine de minutes, tout esprit normal, même celui d'un psychiatre, débraie et se met en position « automatique ». Son devoir est de recevoir dans son intégralité ce discours. Mieux encore, il doit en faciliter le débit par un petit mouvement de la tête, une sorte d'assentiment pour que la patiente puisse exprimer sans réticence l'expression de sa folie. Pendant ce temps, il l'observe l'arme au pied en attendant de lui prescrire le cocktail approprié de neuroleptiques, la camisole chimique qui remettra peut-être un peu d'ordre dans cette logorrhée qui épuise son entourage. Enfin après le temps réglementaire, il lui fait signe que l'entretien est terminé et elle s'arrête aussitôt comme on tourne un robinet. Elle se lève pour quitter le bureau et se retourne au moment où elle est devant la porte. En regardant fixement Pierre, elle lui déclare le plus clairement possible :

— Docteur, je vous remercie pour la qualité de votre écoute. Grâce à vous j'ai pu déposer sur la table tout ce que j'avais sur le cœur. Cela faisait longtemps que je ne m'étais pas sentie aussi comprise. Cela m'a fait le plus grand bien. Encore merci.

On se tord de rire dans le couloir. Des gens qui passent nous dévisagent, l'air outré. Les médecins n'ont pas le droit de rire, c'est presque un sacrilège.

Je m'éloigne du groupe pour répondre au téléphone. Au début, je ne comprends pas l'insistance du directeur d'un hôtel collé à l'aéroport de Roissy. Il souhaiterait que je vienne d'urgence rencontrer un haut dignitaire qui séjourne dans son établissement, mais pas moyen de savoir ce qu'il se passe. Il exige que j'arrive immédiatement et souligne le côté très confidentiel de son appel. Je l'enverrais bien sur les roses, mais ma ligne de conduite m'impose de rester souple en toutes circonstances. Je m'exécute sans rien laisser paraître.

11

Après une demi-heure de slalom sur l'autoroute A1, je gare ma voiture devant un hôtel d'une chaîne internationale, à deux pas des terminaux. L'architecte qui a conçu le bâtiment devait traverser une phase dépressive car il est difficile de faire plus impersonnel. Le directeur attend dans le hall, et vu son air réprobateur, j'en conclus que je n'ai pas accouru assez vite. Dans l'ascenseur, je l'examine de plus près, profitant de la proximité imposée par notre ascension entre le rez-de-chaussée et le dixième étage. La peau de son front luit comme une chaussure cirée et je n'arrive pas à déterminer s'il ressemble à un poisson, à un reptile exotique… ou plutôt à un de ces pauvres hères qui ne voient jamais le jour.

Pas moyen d'obtenir la moindre information. Sans un mot, il me conduit jusqu'à une suite exécutive. Ça arrive de temps en temps, ce genre de situation et, dans ces cas, le personnel de l'hôtel fait toujours des mystères. On fantasme, on imagine toutes sortes de choses et finalement on se retrouve juste face à des clients exigeants, rien de plus.

La porte est gardée par des individus à la carrure dissuasive et ça n'éveille pas chez moi de méfiance particulière. C'est fréquent. Probablement une personnalité avec des gardes du corps venus d'un pays de l'ancienne fédération soviétique. Avec un ton posé et rassurant, je leur indique que je suis le Dr Vlaminck. Après avoir parlementé dans une langue qui doit être proche du russe, ils décident de me faire pénétrer dans la suite. C'est un grand salon comme on en trouve dans tous les hôtels de chaîne mais mon attention est attirée par des revolvers posés sur la table dans leur holster avec quelques chargeurs de rechange. La porte se referme et on me remet à un deuxième groupe d'hommes. Tout en noir, ils sont trois à me dévisager sans rien dire. Apparemment, je ne suis pas le bienvenu. Le plus imposant me toise, les poings sur les hanches. Il se plante bien trop près de moi et m'impose son souffle dans les narines : un mélange de mauvaise haleine et d'eau de toilette bon marché. Irrité par l'incursion de ce malodorant dans ma zone de sécurité, je ne recule pas dans un premier temps.

— *What are you doing here?* me fait-il avec un accent rocailleux.

Il y a de l'électricité dans l'air. De l'adrénaline remonte jusqu'au fond de ma gorge et je me demande si je ne suis pas tombé dans un piège. « Ça devait arriver, me dis-je, j'aurais dû me méfier… » Des faits divers de médecins agressés et parfois tués défilent dans ma tête. Comme il n'est pas question de grossir les statistiques, j'opère un léger mouvement vers la sortie, mais l'homme en noir me fait signe de la tête qu'il n'est pas question de partir.

— *I am a doctor, a French doctor…*

En lui opposant ce drapeau blanc, j'espère faire retomber la pression, mais rien n'y fait. Ils veulent me fouiller physiquement, et comme je ne suis pas disposé à me laisser tripoter, le ton monte encore d'un cran. Je me dégage et repousse tout contact. Aussitôt, il y en a un qui porte la main sur son arme et me regarde avec le dédain d'un homme qui est prêt à m'abattre. Pas même le temps d'avoir peur, je le fixe droit dans les yeux, c'est ma seule défense. Il faudra qu'il presse sur la détente en me regardant en face, s'il l'ose.

J'ai beau répéter en anglais que je suis médecin et que je viens voir un malade, ils ne comprennent pas ou ne veulent pas comprendre. Pendant ce temps, celui qui mène la danse parle, s'énerve au téléphone, et si je ne connais pas sa langue, je me doute que mon sort est entre ses mains. Les secondes s'égrènent et paraissent interminables. Lorsqu'il raccroche, d'un coup sec, trois mots sortent de sa bouche. On me fait asseoir sans ménagement et en me pointant d'un doigt, celui qui semble être le chef m'intime un ordre :

— *Don't move.*

Le temps ne passe plus, il s'arrête. Je me creuse la cervelle. Ces individus appartiennent probablement à la haute criminalité, à moins que ce ne soient des terroristes ou des agents d'un pays étranger. Dans tous les cas, coincé sur mon siège, je réalise que mon avenir a pris un mauvais virage.

Détail insolite, ma vessie m'adresse des messages désespérés. J'avais envie d'uriner depuis plusieurs heures à l'hôpital mais je tergiversais à chaque malade. Et maintenant, il faudra prendre mon mal en patience. Impensable de demander où sont les toilettes…

Après un long moment, le téléphone sonne. Mes gardes s'agitent de nouveau et, d'un claquement de doigts, ils me font signe de venir. Je me lève sans discuter et l'on passe dans une autre pièce.

Les rideaux sont tirés, nous sommes dans la pénombre et cette fois, on ne peut pas se tromper, je suis au cœur du réacteur.

Dans un coin, un étrange personnage est affalé sur le sol près du lit. Voilà l'homme que je viens voir. Il a l'air épuisé… Ses grands yeux noirs et bridés ressortent d'autant plus que son visage est livide. On dirait un fauve blessé. Je connais ce regard fixe lorsque la mort est proche. Il incline la tête et me dévisage avec gravité. Cinq individus l'entourent. Crânes rasés et barbe d'une semaine. Leurs traits sont tirés, ils ont l'allure des méchants dans un film de guerre sauf que leurs armes ne sont pas factices, et lorsque j'approche, ils s'interposent pour former un bouclier humain. Avec ces gens, la confiance n'est pas innée et on est loin de m'accueillir comme un sauveur. Je commence à comprendre. Ils ont dû beaucoup hésiter avant de me laisser entrer. Je les écoute et il m'est impossible de trouver d'où ils viennent. Aujourd'hui, qui connaît le Kazakhstan, l'Ouzbékistan, le Turkménistan et la myriade d'États sortis de l'URSS ? Vu leur déférence envers ce grand corps étendu près du lit, je comprends qu'il est leur chef et que c'est un personnage important.

Les secondes s'écoulent. Il ne dit toujours rien. Il me dévisage, impassible, son regard intense me traverse comme la lame d'une arme blanche.

D'un geste de la main, l'un de ses lieutenants me montre son côté. Les vêtements sont bariolés de sang. L'étoffe est cartonnée, des flaques rouges et des caillots flottent dans les plis du tissu. À l'évidence, il a beaucoup saigné et, en dégrafant ce qui ressemble à une sorte de sarouel afghan, j'aborde un corps nu, blanc et exsangue.

D'âge mûr, la soixantaine, l'homme a une morphologie d'athlète. Ses muscles saillants sont dessinés comme sur une planche anatomique.

Très vite, je découvre un impact de balle sur la face antérieure de sa cuisse. Un petit trou anodin, presque rien en surface mais j'imagine que les dommages à l'intérieur sont considérables. Le projectile est ressorti par la fesse et la cuisse est désarticulée. Elle pendouille lamentablement. Le fémur est brisé mais, quelle que soit la douleur, lorsque je le mobilise, l'expression de son visage ne laisse rien paraître. Gémir ne doit pas faire partie de sa culture.

— *When did it happen?*

— *He was victim of an attack three days ago in Africa. We evacuate him by plane to Cairo and he stayed in the international zone. The local authorities were not informed of his condition. Last night we landed in Paris and since then, he is weaker and weaker.*

— Il faut l'hospitaliser, le transfuser et l'opérer.

Mes suggestions ne rencontrent aucun enthousiasme. Des pourparlers s'engagent avec un homme qui semble être son chef d'état-major et qui s'exprime dans un anglais parfait. Il est grand, élancé. Sa puissance physique de sportif a visiblement été mise au service de la guerre. Il m'explique que le blessé est un chef d'État et que je ne suis pas autorisé à divulguer sa présence ni son nom sur le territoire français. Leur décision est prise, pas question de le transporter dans un hôpital.

— Ce serait trop dangereux, finit par lâcher mon interlocuteur, vous devrez le traiter sur place.

Je ne réponds rien et me demande surtout comment je vais retrouver ma liberté car tenter une action sur place serait une folie. Je dois les convaincre.

— Si vous le gardez ici, il va se vider de son sang et mourir. On ne peut rien faire de sérieux dans un hôtel. Toute tentative serait vouée à l'échec.

Je me doute qu'il est difficile de me faire confiance car je ne suis pour vous qu'un inconnu mais, à ce stade, vous n'avez plus beaucoup de temps. Il faut l'opérer rapidement. Je suis en mesure de le mettre en sécurité dans l'hôpital où je travaille. Personne ne saura rien de sa présence car on peut l'enregistrer sous un pseudonyme. Il ne sera pas le premier chef d'État qui vient y recevoir des soins et dans la plus grande discrétion.

Ils parlementent encore et encore, j'argumente et ils finissent par accepter mes recommandations. En quelques minutes, le vent a tourné. On ne me braque plus. Mais mes « nouveaux amis » ne me laissent pas appeler le Samu. Ils croient que c'est une banale ambulance et j'ai beau insister sur l'intérêt de cette spécialité française qui permet de réaliser en sécurité un transport médicalisé de réanimation, rien n'y fait. C'est sa garde rapprochée qui se chargera du transport. Quelques instants plus tard, enveloppé dans une couverture, des hommes le portent discrètement jusqu'à un van Mercedes stationné en bas de l'hôtel.

Lorsque je repasse par le hall, je croise le directeur. Il n'a pas changé depuis tout à l'heure. On dirait un iguane posé sur le marbre froid de l'entrée alors que je viens d'effectuer un aller et retour mouvementé en

Asie centrale. Au moment de m'engouffrer dans ma voiture garée sur le parking, j'ouvre la portière et, le nez au vent, je soulage ma vessie avec un plaisir démesuré. Je revis. Mes poumons se remplissent d'air frais, le ciel est dégagé, des avions décollent, d'autres se posent. Ils forment un ballet magistral et bruyant au-dessus de ma tête. Libre enfin, je savoure un réel moment de bonheur.

Ça circule plutôt bien sur l'autoroute et l'on y progresse en convoi. Le van me suit. Un troisième véhicule couvre nos arrières. Le cortège improvisé chemine sur l'A1. Nous longeons sur la gauche de grands bâtiments bleus. Je rêverais d'interrompre ma course et de m'installer au self d'Ikea avec un plateau, des boulettes et des frites pour savourer le luxe d'un instant paisible et ordinaire.

De Roissy à Paris, pendu au téléphone, j'organise notre arrivée. Tout devra être prêt lorsque nous passerons la porte de l'hôpital. La direction est prévenue, un chirurgien orthopédiste est sélectionné. *Idem* pour l'anesthésiste, le service radio, la biologie, etc. Je bénis l'institution où je travaille. Pour une fois, je suis suivi par les plus hauts responsables de l'hôpital. Dans quelques instants, la machine se mettra en route en espérant que le chef d'État n'aura pas collapsé pendant le trajet. Les véhicules me suivent dans un ordre présidentiel mais personne sur l'autoroute ne peut se douter de notre entreprise. Le trafic se déroule lentement vers le périphérique. Le ciel est d'un bleu soutenu, quelques cirrus s'étirent au loin, bien au-delà de Paris. Bientôt et sans heurt, nous abordons la porte de la Chapelle puis le périphérique.

Le van s'est immobilisé devant la porte des urgences. L'homme est allongé au fond du van à même le sol où la moquette est devenue rouge d'un sang présidentiel. On le hisse sur une civière pour l'emmener dans une petite salle à l'abri des regards. On le perfuse, le prélève avant de l'amener à la radio. Je facilite les démarches pour qu'il n'y ait aucune attente. L'homme au revolver ne me lâche pas d'un centimètre. Si, un peu plus tôt, il me faisait peur avec son regard d'assassin, cette fois, c'est ma revanche et c'est moi qui mène la danse.

Dans les hôpitaux civils, on ne voit pas souvent de blessures de guerre. Le cliché radiographique montre un fémur pulvérisé par une balle. L'indication chirurgicale s'impose, juste le temps de préparer le blessé pour l'intervention.

On l'installe dans une chambre et ses hommes montent la garde devant la porte. On me rattrape au moment où je m'éloigne. Le chef d'état-major me demande de retourner au chevet du blessé.

— Le Président voudrait savoir s'il est indispensable qu'il subisse une anesthésie générale.

— Oui.

— Il souhaiterait s'en passer.

D'un geste de la main, je stoppe toute possibilité de tergiverser.

— Que redoute-t-il, de ne pas la supporter ou est-ce une question de confiance envers l'anesthésiste ?

En écoutant le traducteur, le Président roule de gros yeux embarrassés. J'ai dû aborder une zone sensible.

— Les deux. Vous savez, il a subi un certain nombre de tentatives d'assassinat dans sa carrière.

— OK, ici, il n'y a aucun risque de ce genre mais j'ai compris. Dites-lui qu'on va vous habiller et que vous assisterez à l'opération.

À peine a-t-il fini de traduire que je vois un sourire s'afficher sur les lèvres du Président. Pendant ce temps se mobilise un ballet d'infirmières, de médecins et de techniciens. La mécanique est bien huilée. Pas d'erreur ni de négligence, je viens de gagner ma liberté et aussi de la notoriété.

****

14 h 15. Ma secrétaire me relance. Je suis en retard. Des gens s'impatientent dans le salon d'attente. Lorsque j'apparais, on pourrait croire que je me suis attardé à la cantine. Le reste de la journée me semble banal, terriblement banal avec des gens qui ont mal là, ou là, ou là, une routine pour un praticien dont le pouvoir est de dire toujours oui, de trouver le diagnostic, de guérir et de redonner l'espoir à ceux qui n'en ont plus.

Le soir approche. C'est l'heure de la contre-visite. Tous les patients hospitalisés vont à peu près bien. Pas de situation critique et même Françoise ne va pas si mal. Pourtant, chaque fois que je pénètre dans sa chambre, la poignée de la porte me glace toujours autant la main. Se doute-t-elle qu'elle ne retournera jamais chez elle et que l'hôpital est sa dernière résidence principale ? Elle se garde bien de me poser la moindre question. Quand tout va bien, les patients n'hésitent pas à m'interroger sur leur pronostic. Mais quand ils sont accablés de doutes, un silence s'installe. Et de mon côté, il ne serait pas pertinent de leur administrer des certitudes. On leur doit bien ça, d'autant plus que nos prévisions sont aussi aléatoires que celles de Météo France.

Lorsque j'arrive dans la chambre du Président, un de ses gardes m'informe que ce dernier est au bloc depuis plusieurs heures. Il se retourne vers deux jeunes femmes au regard farouche. Ce sont les épouses du Président. Ce dernier est musulman et elles arborent des vêtements traditionnels dans le genre burka. Toutes de bleu vêtues, à peine débarquées de l'avion, elles diffusent dans ce décor d'Île-de-France une atmosphère exotique. Deux guerrières, qui se sont repliées dans un coin de la pièce et qui montent la garde auprès des bagages du Président. On ne voit que leurs grands yeux en amande. Si le masque est, paraît-il, le diktat d'une société masculine, en croisant leur regard, j'imagine que les femmes musulmanes, en nous cachant le reste de leur visage, cultivent l'énigme de leur beauté. Je leur adresse quelques mots en anglais mais elles ne me comprennent pas. Le mercenaire traduit dans quelque chose qui sonne plutôt comme de l'arabe et leur regard me jette des flammes.

12

Si l'on s'imagine que les médecins sont vaccinés contre le malheur et la souffrance, c'est une erreur. Difficile de s'y habituer. On en ingurgite une bonne dose chaque jour. Et qui nous accompagne sur ce chemin hasardeux ? Personne. Une administration a-t-elle prévu un quelconque soutien psychologique ? Aucunement.

Alors, où trouve-t-on la force de tenir ? En soi.

Les patients sont parfois confrontés à de la dureté, à une attitude rejetante, au cynisme de certains soignants. C'est, pour ces derniers, une manière de se défendre, une réaction ordinaire et assez peu pertinente de se protéger de la souffrance des autres. Ceux qui ont des valeurs, de vraies valeurs, portent les tourments de leurs patients sans broncher puisqu'ils ont analysé et compris depuis longtemps que c'est leur vocation. Mieux encore, ils offrent à chacun le don de soi et déploient des trésors d'humanité.

Nous ne sommes pas des gens normaux. Les trente-cinq heures, nous les faisons souvent en trois jours et on ne le chante pas sur les toits. L'administration a-t-elle prévu un repos compensateur pour nous éviter le burnout ? Absolument pas. Alors, soixante-dix, quatre-vingt-dix heures, on les exécute sans le moindre grincement de dents. De toute façon, tout le monde s'en fiche et considère que le dévouement est gravé dans notre ADN. Les gens considèrent que nous nous battons pour la vie et ils s'étonnent de nous savoir en week-end. Devant une telle injustice, toute révolte est exclue et lorsque je suis de bonne humeur, je me répète qu'il est inutile de pleurnicher sur mon sort. Je finis même par en rire et me moquer de moi. Être médecin n'est pas un métier et on ne le fait pas pour le regard des autres ni leur reconnaissance. On le fait et c'est tout.

★★★★

Je pénètre dans le bureau et n'en sortirai que tard le soir.

On a beau être en 2019, l'opinion s'imagine que les médecins ont des solutions pour tout. C'est faux. Quant à nos certitudes, comment peut-on avoir des certitudes dans un domaine où il nous manque encore tant de connaissances. Des progrès récents entretiennent une incompréhension, un malentendu, surtout chez les patients qui ont tiré le mauvais ticket du loto. Pour ceux-là, il est inadmissible de ne pas être capable de vaincre leur mal alors qu'on a envoyé un robot sur Mars. Les gens revendiquent d'être soignés avec succès. C'est devenu un acte ordinaire au même titre que le service après-vente de chez Darty.

Aujourd'hui, j'ai rendez-vous avec un futur gagnant, quelqu'un pour qui il y a une vraie solution.

S'il est docile, Charles Froment va réaliser une des meilleures affaires de sa vie : un pied de nez à la mort et il ne le sait pas encore.

Assis en face de moi, il me regarde. Une de ses artères coronaires est bouchée à 90 %. Je lui parle lentement, d'un ton calme et rassurant :

— Il ne reste plus qu'un passage de 10 % dans l'artère principale de votre cœur et il faut la réparer.

Surpris, il écarquille les yeux. Il n'avait pas imaginé que j'allais lui annoncer une mauvaise nouvelle. Froment n'avait eu qu'une vague gêne dans la poitrine alors qu'il promenait son chien. Et, moi, je lui annonce qu'il frôle l'infarctus.

Avec lui, pas de démonstration, pas d'hystérie, tout est dans la sobriété. Il ne laisse rien paraître, il encaisse.

— Et maintenant quelle est la marche à suivre ?

— Vous rentrez le matin et vous ressortez l'après-midi. Il n'y a pas d'anesthésie générale. Pas de bistouri, pas de douleur. C'est une haute technologie : on monte un cathéter jusqu'à votre cœur et on va réparer l'artère en posant une prothèse. Elle va se dissoudre en un an pour laisser une artère impeccable.

— Vous m'en parlez comme de changer des plaquettes de frein…

— Monsieur Froment, je vous propose un progrès scientifique majeur. C'est une très belle opportunité qui s'offre à vous. Si on n'avait pas découvert cette lésion, vous seriez en danger.

Il se tait, regarde ailleurs et je vois bien qu'il fait marche arrière en prétextant un emploi du temps chargé, des voyages…

Il aimerait attendre quelques semaines, voire quelques mois, puisqu'il n'a mal nulle part ou presque. Dans son beau costume, il fait de son mieux pour cacher sa peur. Et plus je vais insister, plus il va se cabrer. On parlemente alors que j'ai d'autres malades qui s'impatientent de l'autre côté de la porte. Froment m'exaspère.

Au moment où j'abandonne l'idée de le convaincre, il finit par accepter et se dirige vers ma secrétaire pour l'organisation des rendez-vous.

Mon portable sonne. L'infirmière du quatrième étage me demande de monter voir le Président au plus vite. Il est parfaitement réveillé et le chirurgien m'attend dans la chambre. Je m'éclipse. On attendra un peu plus dans le salon d'attente.

Il est magnifique, le Président, dans sa casaque bleu ciel. Il a retrouvé son port altier d'homme d'État. Ses cheveux teints ne sont plus en bataille. Difficile de croire que le chirurgien maniait la perceuse visseuse sur son fémur il y a encore quelques heures.

— Tout s'est bien passé, la balle a frôlé l'artère fémorale mais elle est intacte. Le fémur a été réparé et vous êtes sauvé. Vous pourrez sortir dans quelques jours.

Le Président nous regarde sans rien dire. À peine un sourire et je suis loin d'imaginer ce qui se passe derrière ce regard d'acier. On sort de la chambre avec le collègue et on se congratule de l'heureux dénouement.

— Cet homme est d'une constitution exceptionnelle, celle d'un animal sauvage. On n'en trouve plus de ce côté du globe.

Le reste de la journée se passe à essayer d'être, avec un succès très relatif, un bon docteur, un bon mari et un bon père.

13

— Votre Président a un comportement étrange. On ne comprend rien à ce qu'il raconte et il a des mouvements incohérents.

Il est tôt le matin et je dormais profondément lorsque la voix de l'infirmière me débite ses impressions au téléphone. Ça me prend à la gorge. Je sursaute dans mon lit.

— Et en plus, me dis-je, ma carrière va tourner court s'il décède.

J'appelle le réanimateur de garde. Refus catégorique. Il est en train de juguler une hémorragie cataclysmique. J'ai trois minutes pour m'habiller, pas de toilette, j'enfourche mon vélo et me précipite vers l'hôpital dans une course effrénée. Sans concession, je brûle les feux, les stops, escalade les trottoirs. Au passage, j'ai droit aux insultes des passants que je frôle d'un peu trop près. Cela ne me fait ni chaud ni froid car mon seul objectif est d'arriver au chevet du Président. Je n'ai pas pris l'habitude de ces incivilités mais c'est le prix à payer chaque fois qu'il y a urgence…

Il me faut peu de temps pour évaluer la situation. Le Président n'est pas somnolent mais comateux. Au fil des ans et cela ne repose sur rien d'objectif, j'arrive à me faire une idée, d'un coup d'œil, sur l'état d'un malade. Et cette fois, il ne me faut que quelques secondes pour constater qu'il n'y a peut-être plus de cerveau derrière ces globes oculaires. Ses lèvres laissent échapper des phrases sans queue ni tête et il grimace vaguement lorsque je lui pince les seins pour vérifier sa réactivité à la douleur.

De retour dans la salle des infirmières, une tension palpable règne dans l'équipe soignante. Chaque fois qu'il y a une complication, tout le monde se regarde avec un drôle d'air comme s'il fallait trouver un responsable. Toutes les hypothèses défilent dans ma tête à un rythme accéléré. Pas bon signe de s'enfoncer ainsi quelques heures après une intervention. Un AVC, peut-être ? Une IRM donnera la réponse mais il faudra briser des lances pour l'obtenir. Heureusement que le radiologue de garde est un ami et qu'il m'accueille à bras ouverts. Grâce à lui, un brancardier est expédié aussitôt à la chambre du Président pour le descendre à l'IRM. J'ajoute à mon bilan une batterie de tests sanguins. Résultats exigés pour le jour même. Avant le milieu de l'après-midi, rien de cet organisme n'aura de secret pour moi. Trouver le diagnostic est une obsession. Elle me poursuit. Trouver ce qu'il a m'oblige à laisser libre cours à son imagination. C'est une question de flair. Une omission, un oubli et le Président peut être propulsé *ad patres*. Et si ça tourne mal, je le paierai cher.

Comme il faut attendre les résultats, je décide d'aller m'aérer chez Decathlon pendant ma pause. Il me faut un nouveau casque.

Sur les routes, lorsque je croise des cyclistes, ils ont des airs de grands sportifs avec leurs casques multicolores. Dominique trouve qu'aucun ne me va, et lorsque je suis devant une glace, je dois m'y résoudre, ils me donnent vraiment un air d'abruti. En me promenant dans les rayons, je croise une vendeuse qui accepte de me renseigner. Au début, je ne fais pas attention à elle dans son uniforme au sigle de la grande enseigne. Elle m'observe du coin de l'œil et finit par me faire remarquer, elle aussi, que le casque cycliste me va mal. Surpris, mon attention se concentre sur ses grands yeux qui déclenchent chez moi un réel trouble. Je me rappelle aussitôt à l'ordre, ne faisant pas partie de ceux qui considèrent les vendeuses comme des proies faciles sous prétexte qu'ils ont un costume et une cravate. Et là, je dois me rendre à l'évidence, cette apparition dont je ne connaîtrai jamais le nom ni le prénom ne me considère pas non plus avec indifférence.

Machinalement, je continue d'enfiler des casques. Au moment où j'ai épuisé tous les modèles, elle m'en suggère un qui est destiné au ski nautique et déclare qu'il me va à merveille.

— Et pour le vélo, me dit-elle, question sécurité, ça suffit largement.

C'est décidé, je le prends.

On parle un peu et sa présence toute proche déclenche une telle réaction du côté de mon hypothalamus que mon corps hésite à m'obéir au moment où je dois m'éloigner vers les caisses.

Sur le trottoir, je ne me demande pas ce qui m'arrive, je le sais : on est juste plus sensitif, plus vulnérable lorsqu'on est au contact de situations critiques. Il faut bien que l'organisme se défende. Un cocktail d'endorphines et d'adrénaline m'enivre et déclenche une accélération inhabituelle de mon rythme cardiaque alors que je n'ai effectué aucun effort physique. Il me faut quelques instants de marche au grand air sur l'avenue de Wagram pour revenir à plus de sérénité. Et soudain, le couperet tombe brutalement. Je prends la décision ferme et définitive que dorénavant c'est certain : à vélo, je ne porterai plus que des casques pour les sports nautiques.

★★★★

De retour à l'hôpital, les heures passent sans trop regarder ma montre. Au moment où je m'y attends le moins, mon téléphone vibre dans ma poche et le radiologue me communique les résultats de l'IRM. Pas le moindre signe d'AVC. Le cerveau du Président est en parfait état, même pas d'atrophie corticale due à l'âge.

Je marche d'un pas gaillard dans le couloir. La lumière y est agressive, blafarde. Tout en pestant contre celui qui a été chargé de l'aménagement des hôpitaux, je reprends espoir malgré cette ambiance de morgue. La nouvelle m'a donné un regain d'énergie. Un peu plus tard, les pieds sur la table, au bureau des médecins du quatrième étage, j'actionne d'une main la souris de l'ordinateur pour regarder défiler ses résultats biologiques. Toutes les constantes semblent normales mais mon attention est attirée par une analyse toxicologique. On vient de retrouver en grande quantité une drogue sédative dans le sang du Président. Elle n'est plus commercialisée en France depuis longtemps : c'est un barbiturique. À cette dose, le produit est létal. Je suis abasourdi. Quelqu'un tente de l'assassiner. Mon cerveau s'agite en tous sens. Faut-il porter plainte à la police, appeler la direction de l'hôpital ? J'hésite.

Une fois de plus, je me retrouve à contempler les marronniers qui apaisent mon tumulte… Pas question de se précipiter. En adepte assidu de *L'Art de la guerre*, c'est mon livre de chevet, j'avancerai prudemment et en écoutant mon instinct. Au-delà de la raison, jusqu'à présent, ce dernier m'a toujours guidé.

Une enquête de police sèmerait un scandale et il n'est pas question que je sois mêlé à une tentative d'assassinat. Il me faut trouver le coupable.

Mon esprit tape contre mes tempes pour trouver une piste mais rien ne vient. Exaspéré, étouffant dans ce local exigu, je sors dans le couloir et me retrouve face au chef du protocole. À cet instant, sans réfléchir, mon instinct me prend par la main. J'attire dans la petite pièce celui que l'on appelle James (je suis certain que ce n'est pas son vrai nom). Flegmatique, il s'installe sur un siège et je l'observe sans rien dire. Il est posé là, en face de moi, hermétique. Pas du genre à se laisser impressionner par mon silence. Même en le scrutant avec attention, je ne découvre pas plus d'informations dans son regard que dans l'œil d'un crocodile. J'hésite et lui annonce ce que je viens de découvrir.

Habituellement, dans ce genre de circonstances, je ne dispose que de deux ou trois secondes pour apercevoir un éclair de vérité dans le regard d'un interlocuteur. Ensuite, le cerveau reprend le contrôle et installe un écran de fumée. Le terme « barbiturique » ébranle la façade de James. Il m'explique que les deux femmes du Président sont des adeptes du maraboutage et qu'elles utilisent régulièrement cette molécule dans leurs messes noires. Elles sont donc très probablement responsables de son état mais il lui est impossible de les interroger. Il n'en a pas le droit. Cela va trop loin pour lui. Je me concentre au plus profond de ma personne et lui propose :

— Vous n'aurez qu'à leur dire ceci de ma part : « Le médecin français peut tout détecter dans le sang et sa science est bien plus savante que le maraboutage. Si vous persistez dans votre action, vous devrez rendre des comptes au Président lorsqu'il retrouvera ses esprits et aussi, à la justice française. »

Le chef du protocole me regarde calmement et répond :

— *OK, I'll go and do it.*

★★★★

Ce soir-là, je ne suis pas de bonne humeur en famille. Reclus dans mon coin, une fois de plus. Personne ne sait ce qui me tracasse. Je ne m'en vanterai pas. Dominique reste étrangement neutre, elle m'ignore. Tant mieux, des reproches me seraient difficilement supportables.

La nuit se passe et mon esprit vagabonde. Si apparemment je dors, je suis sur le qui-vive, j'attends la sonnerie du téléphone mais rien ne vient.

Le lendemain, dès la première heure, l'évaluation ne laisse pas de doute. Le Président sort progressivement des ténèbres. Encore très ensuqué, il regarde autour de lui, comme s'il découvrait les lieux. Il a même oublié qu'il était hospitalisé. Peu m'importe, j'ai percé le mystère et dans quelques heures, il aura entièrement recouvré ses esprits.

Finalement, il est sympathique, ce James. Un peu pète-sec, mais sympathique. Grâce à lui, nous avons gagné la bataille, et dans la matinée, on est posés à la cafétéria de l'hôpital, lui et moi, comme deux simples visiteurs. Qui pourrait imaginer que je bois un café avec James Bond ? Le vrai et pas celui des films. Il est mince et souple comme un léopard. Impossible de soupçonner que cet élégant personnage joue du pistolet dans des horizons improbables. Après les tumultes que nous venons de traverser, il s'est créé entre nous un climat de confiance.

— Chez moi, on est militaires de père en fils. L'Afghanistan, la guerre du Golfe, la Yougoslavie, je les ai bien connus et j'en suis sorti vivant.

Il me parle de la mort, de ces guerres qui la distribuent à grande échelle. Lorsque je lui demande quelles sont les circonstances les plus délicates qu'il ait rencontrées, il me répond presque sans réfléchir :

— Même si je ne suis pas du genre à me laisser facilement impressionner, curieusement, ce sont deux gamins, un jour, au Soudan qui m'ont collé la peur de ma vie. Ça se passait dans la banlieue de Djouba, la capitale du Sud. Il y régnait une atmosphère d'insurrection. Un matin, deux jeunes d'à peine 12 ans m'ont mis en joue avec leurs kalachnikovs. Je n'en menais pas large, car si là-bas les adultes ont la gâchette sensible, les gosses, eux, sont capables de tuer un homme comme ils écrasent un cafard. Dans ces moments-là, on ne sait plus quoi faire ni quoi dire. Un mot de travers et le coup part. Alors, des phrases me sont venues à la bouche instinctivement : À votre âge, vous devriez plutôt jouer au foot !

Un des garçons a souri.

— Oui, mais on n'a pas de ballon.

— Je peux vous en trouver, moi, des ballons, et même en cuir, à l'effigie de la coupe du monde !

Je leur ai proposé de les échanger contre leurs mitraillettes. Les jeunes guerriers étaient ravis. Ils ont passé le mot à d'autres, et quelques semaines plus tard, nous avions collecté un peu plus de mille armes automatiques.

14

La soirée est plutôt calme, il est 19 heures et je suis rentré. Mes enfants vaquent à leurs occupations, les devoirs sont bien avancés. Dominique est souriante. Je scrute son visage comme un météorologue cherche à prévoir le temps. J'aimerais que ce soit tous les jours ainsi. Un de mes fils fait des farces à sa sœur qui sort de la douche. Je lui rappelle qu'il faut respecter les jeunes filles d'autant plus que Clémence entre dans la puberté. Martin n'est pas un garçon au caractère facile. Chez lui, la puberté a été très précoce. À 16 ans, il mesure 1,90 m et a une barbe drue. Il est à l'âge où certains ont un malin plaisir à faire suer le monde. Nous lui répétons inlassablement que c'est inacceptable. Sans résultat.

Mon autre fils est calme et bienveillant. Avec lui, on dialogue. Nos filles sont deux amours et je me demande régulièrement si leurs deux frères en feront des femmes aguerries ou traumatisées. Nous avons l'apparence d'une famille bourgeoise abonnée à la maxime « pas de télé en semaine ». Et ce soir, si pour bien des parents nous passons une soirée ordinaire, la paix qui règne chez moi me semble un privilège singulier. Vers 22 heures, lorsque tout le monde est au lit, j'embrasse Dominique sur la joue. Elle a ce petit mouvement sec de retrait qui ne me laisse aucun doute sur sa mauvaise disposition à mon égard. Triste, je passe dans mon bureau pour lire. Vers 1 heure du matin, la fatigue me gagne et je vais me coucher. Le sommeil m'embarque là où rien n'a d'importance, et pendant ce temps, mon corps et mon esprit n'existent plus.

★★★★

— Docteur Vlaminck, je suis la concierge de l'immeuble où habite votre patient, Monsieur Maçon.

Au début, englué de sommeil, je ne comprends rien à ce mélange de portugais et de français. Elle crie dans le téléphone. Il est 5 heures du matin et j'ai du mal à émerger.

Pierre Maçon est un artiste peintre. Il habite à deux pas de chez moi. Même si je ne suis pas un connaisseur dans le domaine de l'art, j'aime beaucoup ce qu'il fait. C'est un étrange personnage qui passe sa vie entre la peinture et l'alcool. Lorsqu'il n'est pas ivre, il peint, mais lorsqu'il boit, il peut rester deux semaines sans s'alimenter et descendre des litres de whisky. C'est dans ces difficiles circonstances que nous avons effectué notre compagnonnage. J'ai été chargé par sa compagne de son dégrisement. Elle préfère ne pas le fréquenter pendant ces épisodes. Après il va mieux, travaille assidûment sur de grandes toiles avant de retrouver quelques mois plus tard son meilleur ami qui est aussi son pire ennemi, Johnnie Walker. Et ainsi de suite… Et moi, je suis son docteur Gachet.

La concierge parle fort dans le téléphone et en français, cela donne à peu près cela :

— Je viens de trouver Monsieur Maçon inanimé. Il était ivre ces jours-ci. Mais cette nuit, en tombant dans sa cuisine, il a arraché le tuyau de sa gazinière. Ça sent très fort le gaz dans l'immeuble. Je l'ai senti quand je sortais les poubelles.

Éjecté brutalement de mon lit, je lui donne les consignes d'usage.

— Ne touchez pas aux interrupteurs électriques, ouvrez toutes les fenêtres, appelez le Samu, j'arrive.

Cinq minutes plus tard, je suis dans la rue, débraillé, la chemise ouverte et les cheveux en bataille. Je finirai de m'attifer dans la voiture. Je brûle encore des feux et me retrouve dans une cage d'escalier qui sent fort le gaz. Je monte quatre à quatre les escaliers. Le Samu n'est pas arrivé. Maçon est inanimé, étendu sur le sol, les yeux vitreux. Je crois voir des marbrures sur sa poitrine. Il a embarqué dans sa chute la cuisinière à gaz qui s'est retournée sur le sol. Même si les fenêtres sont grandes ouvertes, l'odeur est forte et elle me grise.

J'ai froid dans cette ambiance de fin du monde. Triste tableau que cette cuisine en formica des années 1960. La saleté est partout : vaisselle, bris de verre et poubelles éventrées. Sur ce carrelage, donc, en marcel taché de vinasse, les couilles à l'air, gît Pierre Maçon. Pas de pouls, pas de tension. Arrêt cardio-respiratoire qui vient juste de se produire. Il n'est pas en mydriase mais cela ne saurait tarder. Je vais quand même tenter un massage cardiaque en attendant le Samu. Je le ferai en souvenir de lui car lorsqu'on aborde de tels extrêmes, on n'en réchappe que très rarement, et si oui, en très mauvais état. Le bouche-à-bouche, même avec du sopalin, me donne la nausée, moi qui suis toujours un peu barbouillé au réveil. C'est un exercice physique épuisant. La plupart du temps, les gens ont vomi, et celui-là, en plus, pue l'alcool. Dans une intimité imposée avec cet homme presque mort, je pompe sur sa poitrine et je souffle dans sa bouche sur le sopalin mouillé de bave. Je pompe et ses côtes craquent. Elles se brisent sous la pression de mes mains mais je continue. Et puis j'étouffe, je ne me sens pas bien mais je m'accroche en pistant le bruit de la sirène du Samu qui ne vient pas encore. Ma tête tourne. Plus rien n'existe autour de moi. Mon être est concentré sur une tentative désespérée : maintenir chez ce Maçon un vague courant de vie le temps qu'une équipe de réanimation arrive.

Et pendant ce temps, mon esprit divague.

Pourquoi suis-je devenu médecin ? La question tourne en boucle dans ma tête alors que je suis à genoux au milieu des casseroles, de la crasse et des bouteilles vides. Qu'est-ce qui m'a pris de me jeter hors du lit ? J'aurais mieux fait de couper la sonnerie de mon téléphone et de dormir. Mais je continue, je continue, il faut tenir au moins jusqu'à l'arrivée du Samu. Toutes les trente secondes, je m'arrête pour écouter le cœur de Maçon, trouver un pouls et voir s'il respire, et chaque fois, je me heurte au silence et à la tragique immobilité de son thorax. Je continue comme un automate et soudain, j'entends enfin le bruit de la sirène. Après vingt minutes de massage cardiaque, épuisé et à bout de nerfs, j'ai donné toutes mes ressources et me fous de la terre entière. Je n'attends plus qu'une seule chose, la relève.

Avec cette onctuosité douceâtre de bave dans mes replis buccaux, avec ce goût de vinasse et de vomi sur ma langue, je ne risque pas de toucher une goutte d'alcool de sitôt. Un spasme remonte insensiblement de mon ventre puis il atteint ma gorge. Je vais vomir.

Des bruits de galopades dans les escaliers me confirment la fin de mon calvaire, et quand ils pénètrent dans l'appartement, les membres de l'équipe comprennent tout de suite ce qu'il se passe. On intube Maçon, on le ventile, on le remplit et lui administre des drogues. À bout de souffle, je voudrais leur transmettre les informations mais je n'en ai pas le temps. Je me détourne et, penché en avant, je gaspe mais rien ne sort. Mon estomac est vide.

Un des coéquipiers continue le massage mais s'interrompt un court instant pour lui poser deux électrodes sur la poitrine. Il le choque. Le corps sursaute. Rien ne se passe. Le tracé est plat sur le scope. L'appareil de ventilation assistée, avec régularité, apporte de l'air à ce thorax qui était immobile un peu plus tôt. Ce léger mouvement me rassure même si c'est la machine qui commande. On rechoque Maçon. Son corps saute comme un pantin et toujours rien. Au moment où la motivation du réanimateur s'émousse et qu'il va donner l'ordre de cesser la réanimation, j'aperçois sur l'écran une ébauche d'activité cardiaque. Si dès les premières minutes l'atmosphère était de plomb, chacun, dans l'équipe, y va de sa remarque. Le ton est plus léger. On est dans l'expectative. Des minutes s'égrènent encore et il faut l'admettre, le cœur de Maçon repart. Assis par terre, je ne me lasse pas de contempler ce tracé électrocardiographique. Mon artiste peintre ne sera pas emballé dans la housse en plastique qu'on avait déjà dépliée près de lui puisqu'on ne donnait pas cher de son sort. Le collègue s'approche de moi. Il me regarde, pose sa main sur mon épaule et me sourit.

— Bravo, sans vous il serait mort. Mais vous avez dû passer un très mauvais moment à nous attendre.

— Je ne ferai pas ça tous les matins, surtout à jeun.

— Enfin, c'est loin d'être gagné, il va peut-être rester comme un légume.

— C'est vrai, mais on ne sait jamais. Sinon, pour lui, c'étaient les asticots.

On rit. On rit nerveusement. Je lui demande d'où il vient. Il est du Samu Necker. On ne se reverra probablement pas mais une complicité s'installe, celle de ceux qui fréquentent les drames pendant que tout le monde dort.

Ce n'est qu'après avoir équilibré l'état d'un patient qu'il gagne sa place vers un lit d'hôpital. Chacun s'affaire et le médecin du Samu est au téléphone pour organiser la suite. Finalement, il se retourne.

— Il y a une place en réanimation dans l'hôpital où vous travaillez. Avec un peu de chance, vous pourrez le saluer s'il se réveille.

Je monte dans ma voiture et rentre chez moi. Le jour s'est levé, la rue commence à s'animer. Il fait très bon dehors. Le matin est un hymne à la vie, à la joie avec ce ciel bleu et ces nuages qui passent au-dessus de Paris. Pas pour moi.

Parfois le matin au réveil, on a un goût de rance dans la bouche. Les lèvres sont collées d'une salive répugnante, surtout si on a un peu trop mangé la veille. La brosse à dents et la pâte dentifrice restituent l'estime de soi en un éclair et, même si l'on était barbouillé, on est remis à neuf. Mais ce matin, j'ai beau me brosser les dents à plusieurs reprises, m'acharner avec un dentifrice qui vante sa surpuissance mentholée, un goût obsédant de vomi et d'alcool avarié hante mon arrière-gorge. Mon visage est frotté, savonné pour enlever les souillures. Rien n'y fait. Il faudra attendre, ça finira bien par partir.

Je croise mes enfants dans la salle de bains. Ils sont boudeurs aujourd'hui. Déjà du mal à porter leur vie. Comme d'habitude, ils ne sauront rien de mes péripéties nocturnes.

Je m'immerge dans un bain. Perché à un niveau de tension dont il est difficile de redescendre, j'énumère la liste de mes muscles et leur intime l'ordre de se mettre en off. Ils se relâchent un à un.

Ça vagabonde dans ma tête. Pas moyen d'avoir une vie paisible comme tout le monde, et soudain, le souvenir de mon père me vient à l'esprit. Que penserait-il, s'il m'entendait me plaindre de mes états d'âme pour des réveils en sursaut, des moments un peu « rock and roll » et ce mauvais goût dans ma gorge ? Lui qui a vécu la guerre, qui s'est battu, qu'on a voulu exécuter et qui a tué pour échapper à l'ennemi ?

Sur ce qui se passe ensuite, je n'ai aucune idée car je m'endors profondément.

15

Les volets sont fermés. Mon corps est nu sous les draps. Je m'étire en gémissant. Rien ne me revient à l'esprit. Aucun souvenir. Aucune idée de l'heure. Ma conscience refait surface lentement et ma mémoire se met en marche. Il est midi et demi. Pas la force de me mouvoir, j'irai plus tard à l'hôpital.

Heureusement, il n'y avait pas de rendez-vous ce matin, que des patients hospitalisés. Ils attendront. Ils n'ont rien d'autre à faire.

L'appartement est silencieux. Dominique est partie. J'ai la nausée. Dans ma bouche cohabite toujours ce mélange de goût mentholé et de mort imminente. Dorénavant, je vais haïr tout ce qui ressemble à du dentifrice.

Quand j'entrouvre les yeux, une vague inquiétude s'installe. Elle me frôle. C'est juste désagréable. Ça a l'air anodin. Puis l'angoisse monte en spirale. Des images négatives défilent dans ma tête. Ça s'empire et devient carrément insupportable. Mon imagination déraille : Dominique m'a quitté. Abandon, juge, divorce, enfants meurtris. Notre famille est démantelée.

Ces quelques heures de sommeil auraient dû me réparer. Au contraire, elles m'ont accablé et déclenché en moi une crise d'angoisse démesurée. Tout ce qui me passe par la tête est une déformation de la réalité. Recroquevillé en chien de fusil, l'estomac noué, la cervelle déchiquetée, je passe de la colère au désespoir. De la colère parce que j'aurais tellement besoin qu'elle me soutienne. Au désespoir parce que je n'ai pas le droit de me plaindre. Une épouse ne peut vivre avec un homme qui la néglige à ce point. Je suis coupable d'une insuffisance familiale chronique alors que c'est ce que j'ai de plus cher au monde. Pas un bon mari et pas été formé pour l'être. Mes parents n'ont jamais abordé ce sujet, considérant qu'ils avaient déjà eu assez de mal à me faire passer le baccalauréat... Quant à moi, je ne me suis pas préparé. C'est venu comme ça, un jour, lorsque j'ai rencontré Dominique. Comme mari et comme père, je me suis forgé dans l'improvisation. Vingt ans plus tard, nous avons la panoplie complète : le monospace, les lits superposés, les devoirs du soir et les vacances en Bretagne. Mais nous ne sommes pas heureux. Reclus dans mon lit, déconnecté de la réalité, au moment le plus fort de ma douleur et lorsque j'ai perdu tout espoir de revoir ma famille, j'entends la clé qui tourne dans la serrure.

Il est 13 h 30 et Dominique rentre avec les enfants. Je l'avais oublié. C'est mercredi et il n'y a pas d'école. Ils ont les bras chargés de courses. Je devrais sauter de joie comme un chien qui retrouve son maître mais je ne bronche pas. Pourquoi ce tourment lorsqu'elle n'est pas là et cette sensation de vide béant lorsqu'elle rentre ? À l'évidence, je divague.

Je m'étire pour tenter de me relaxer quand Dominique pénètre dans la chambre. Ses talons claquent sur le plancher. Ça résonne douloureusement dans ma tête. Elle ouvre les rideaux, la lumière inonde la pièce et elle me demande sur un ton péremptoire ce que je fais encore au lit à cette heure. Le couteau s'enfonce un peu plus dans mes entrailles. Immobile, je ne laisse rien paraître.

Les yeux fermés, une fois de plus, le passé me revient à l'esprit. Des souvenirs défilent sur un écran noir derrière mes paupières. Cette fois, ce sont mes deux parents qui apparaissent, ils sont côte à côte et me regardent. Cela fait des années qu'ils m'ont quitté et que je n'ai pas entendu le son de leur voix. Avant, il me suffisait de décrocher le téléphone ou de leur rendre visite. Les voir, les entendre était la moindre des choses. Je dois me résigner, la mort a mis un point final à ce chapitre. Je suis orphelin et il est loin le temps où résonnait dans ma bouche le mot « maman ». Alors, ce matin, je le murmure doucement entre mes dents pour ressusciter le temps béni de mon enfance où je me lovais dans ses bras lorsque la vie me semblait trop dure. C'est tout ce que j'ai trouvé pour m'apaiser un peu.

À ce niveau de désespoir, le jour a beau être là, le soleil être haut dans le ciel, en chute libre, je me rapproche du sol à une allure vertigineuse. Un choc violent paraît inévitable.

16

En appliquant mon badge sur le système d'ouverture de la porte automatique de l'unité de réanimation, les battants s'ouvrent comme deux ailes. Je pénètre dans un hall sans fenêtre qui donne sur douze chambres. Tout est blanc dans les couloirs de la mort. Au centre de ce vestibule se trouve un large plan de travail où les soignants s'affairent sur les dossiers. C'est là que tout se joue. Les écrans de contrôle affichent les constantes vitales de chaque pensionnaire et d'un coup d'œil on peut tout savoir.

Un peu plus tôt, chez moi, j'étais prêt à basculer dans le vide tellement j'allais mal. Après un séjour sous la douche, m'être vêtu de propre, retrouver la souffrance des patients apaise un peu la mienne.

Nombreux sont les médecins qui se nourrissent de la peine des autres pour faire taire la leur.

Le réanimateur de garde est concentré sur son ordinateur. En approchant, mon regard passe par-dessus son épaule pour voir ce qu'il consulte : les promotions de vacances de voyageprive.com. Si en lisant ces lignes certains penseront que les médecins font preuve de cynisme, voire de désinvolture, ils se trompent. S'ils pensent que nous n'avons rien à faire des malades dans l'atmosphère feutrée d'une réanimation, ils ont définitivement tort. Avec le poids que ces praticiens portent, loin de la lumière du jour, l'évasion devient une nécessité absolue. Si l'on croit que l'on s'habitue, que l'on s'endurcit au malheur qui nous entoure, cela peut paraître vrai en apparence. Mais cette souffrance est une vis qui s'enfonce dans notre tête. Elle fait mal lorsqu'elle tourne et tout autant si elle s'arrête. L'être humain n'est pas fait pour subir cela. Alors, entre deux agonies de patients, les réanimateurs survolent des destinations de rêve avec des plages et des mers aux couleurs d'émeraude et il ne faut pas leur en vouloir.

— Salut, tu as reçu un certain Pierre Maçon ce matin, que peux-tu me dire à son sujet ?

Sans relever la tête des offres de dernière minute, il m'informe :

— Il va mal, arrêt cardiaque rattrapé de justesse par le Samu. Dans un coma profond. Pas brillant. Impossible d'évaluer les dégâts cérébraux à ce stade. On attend l'IRM. Pourquoi, tu le connais ?

— C'est moi qui ai appelé le Samu et je l'ai massé pendant vingt minutes.

— Vingt minutes de massage cardiaque, c'est une éternité. Tu aurais mieux fait de le laisser partir.

— Mais on n'abandonne pas un homme de 56 ans…

Les paupières du réanimateur se redressent, ses sourcils se froncent et je constate chez lui une certaine dose d'agacement.

— Tu aurais mieux fait de le lâcher. Maintenant, on va traîner ce pauvre type pendant des semaines. Et au bout du compte, s'il survit, ce sera probablement une plante verte.

À force de voir mourir les gens, il ne croit plus au miracle. Lorsqu'on est atteint d'un pessimisme chronique, il est temps d'aller prendre l'air. Je serre les dents et murmure à voix basse :

— Qui sait ce que nous réserve le destin ? Et puis, je l'aime bien, moi, ce Maçon…

Mon peintre semble dormir paisiblement dans sa cellule. Avec la ventilation assistée, on dirait qu'il respire. Son tracé électrocardiographique est sinusal, la tension et la saturation en oxygène sont normales. En hochant la tête, je regarde ce corps qui devrait être à la morgue. L'évocation est difficilement supportable et elle me pousse hors de la pièce. Le réanimateur ne lève même pas la tête alors que je le frôle en me dirigeant vers la sortie. Je ne suis pas de son bord et il le sait. Alors, pendant des jours et des semaines, s'il le faut, je reviendrai voir celui que j'ai tiré des griffes de l'au-delà. Le temps apportera la réponse et on verra ce qu'il adviendra.

Je n'ai pas effectué trois pas à l'extérieur du service que je suis intercepté par sa compagne. Elle attend l'heure des visites. L'égérie de Maçon, plus pâle que d'habitude, rentre de voyage. J'ai droit à un interrogatoire et me garde bien de lui répercuter ce que je viens d'entendre. Comme elle insiste pour savoir ce que je n'ai pas envie de dire, je répète qu'il faudra attendre quelques jours avant de se prononcer. Et celle qui était d'habitude si prévenante change de ton. Son regard se durcit et elle insiste.

— Il n'est quand même pas en danger de mort ?

Comme elle martèle une question qui fait mal, je répète ma tirade mot pour mot et m'éclipse vers d'autres patients.

Je rassure l'un, prépare la sortie de l'autre, fraternise avec le personnel soignant avec qui j'ai un réel plaisir à travailler. Je m'arrête devant la chambre de Françoise. Toujours aussi difficile d'en tourner la poignée. Je suis son sauveur et son bourreau. Depuis des semaines, l'échéance approche et je redouble d'initiatives pour qu'elle garde l'espoir. C'est ma manière d'accompagner ceux qui vont mourir. Et cette fois, lorsque je pousse la porte, je n'ai pas les mains vides. Je lui apporte le cheese-cake que je suis allé chercher à la pâtisserie autrichienne de la rue Poncelet. Après avoir posé le gâteau sur sa tablette, je ferme le robinet de l'aspirateur gastrique et lui annonce qu'elle a une heure pour le manger. Elle n'en croit pas ses yeux. Plus tard, lorsque je repasse pour remettre en route l'aspiration gastrique, elle m'annonce qu'elle a mangé le meilleur cheese-cake de sa vie.

Ce n'est pas la première fois que je fais ce genre d'excentricité et ça m'a déjà valu un avertissement de la direction à cause d'une femme alcoolique que je venais d'admettre. Normalement, la procédure consiste à ajouter un peu d'alcool dans la perfusion pour éviter un delirium tremens, une complication grave du sevrage. Trouvant cette pratique hypocrite, j'avais fait l'acquisition d'une bouteille de son whisky préféré. Et chaque jour, lorsque je passais la voir, je lui en administrais un petit verre. À boire évidemment. Mais des âmes respectueuses du règlement m'ont dénoncé et je me suis fait taper sur les doigts.

★★★★

C'est le soir. De chambre en chambre, j'écoute les plaintes, les angoisses, je soutiens, je rassure. Un médecin est un réservoir d'empathie et chacun y dépose ses souffrances. C'est un vase sans fond et les patients, probablement, s'imaginent qu'il ne se vide jamais.

17

Le lendemain, il fait encore très beau. En me voyant passer sur ma bicyclette, on pourrait me prendre pour un flâneur insouciant dans les rues de Paris. Et pourtant, quelques minutes plus tard, je colle mon badge sur le récepteur qui m'ouvre les portes du service de soins intensifs. C'est le staff du jeudi et j'ai bien l'intention de me battre pour le salut de Maçon. Les jours passent et il ne reprend toujours pas conscience.

Le responsable a du retard. Alors, j'erre dans le service. Si ces murs pouvaient parler, ils auraient tant de choses à dire. Chaque fois que je passe ces portes et que je pénètre dans une cellule, cela me prend à la gorge. La vue de ce lit blanc refait à neuf est une page blanche mais elle signifie tant de calvaires. Les familles vous le diront, c'est un champ de croix, on pourrait y bâtir un saint-sépulcre. Ici, pas de cris de douleur, ni même de rage. Lorsque ça tourne mal, les corps sont évacués discrètement avec pour seul cortège les sanglots de l'entourage. Et que la roue tourne… Dans le goulet étroit qui mène vers la mort, les philosophies s'affrontent. De toute façon, c'est bien connu, les médecins ne sont jamais d'accord.

Cela fait des années que je retourne la question dans tous les sens : on parle d'obsolescence programmée pour les machines. Qu'en est-il pour les humains alors que nous ne disposons d'aucun manuel d'entretien ni des instructions du fabricant ? À nous d'en découvrir les secrets. Notre devoir est de faire vivre mais que de réflexions, de doutes, de décisions difficiles à prendre avec des gens, le plus souvent l'entourage, qui donnent leur avis sur tout sans même connaître le goût du sang.

Il est 9 heures. L'équipe est au complet dans la petite salle qui jouxte le service. Je m'assieds à la table. On y a déposé une cafetière fumante et un sac rempli de croissants chauds. Au milieu du malheur, cette odeur est un rappel à la vie. D'un côté, tout près de nous séjournent des miséreux qui rêveraient d'être assis à cette table, et d'un autre, le personnel du service, réuni pour statuer sur le pronostic de chacun en dégustant des croissants et en buvant du café noir.

Les regards convergent vers le chef de service. Les infirmières sont à l'écoute. Au début, on parle de tout et de rien devant l'intrus que je suis. Car lorsqu'un Vlaminck s'invite à leur table, il a beau être médecin, chacun reste sur ses gardes. Je ne fais pas partie de la communauté très fermée des réanimateurs. Je n'ouvre pas la bouche, c'est ce que j'ai de mieux à faire. Je les observe et je compatis. Sont-ils des saints pour porter un tel fardeau ou ont-ils perdu leur âme pour s'acquitter ainsi de cette tâche sinistre ?

Le responsable du service fait l'appel de chaque patient et une discussion s'engage. Au cas par cas, on analyse les risques, les conséquences et les chances de survie. À plusieurs reprises, il revient dans la conversation que tout le monde est traité à la même enseigne. Je ne suis pas dupe, l'allusion s'adresse à moi, *via* Pierre Maçon. J'attends. Quand arrive enfin son tour, c'est le chef de service qui se charge de m'expliquer patiemment mais fermement que la situation est compromise.

— On va encore un peu continuer le combat mais il ne faut pas se faire d'illusion. Ce lit est occupé pour une cause perdue qui coûte cher à la collectivité et, surtout, qui pourrait donner sa place à quelqu'un que l'on pourrait sauver. Alors maintenant, si tu veux bien nous aider, j'aimerais que tu prépares la famille car tu la connais mieux que nous.

Il m'irrite avec ses dépenses publiques. Je lui réponds ma ritournelle :

— On ne laisse pas mourir un homme de 56 ans.

— Vlaminck, s'il te plaît, aide-nous. Pierre Maçon ne se réveillera probablement jamais et quelle que soit ta sympathie pour lui, je le répète, il prend la place d'un autre qui a, lui, de réelles chances d'être sauvé.

— Je n'ai pas la même vision que toi. Tu penses qu'il est fichu. Mais en es-tu certain ? Combien d'agonisants se sont rétablis alors qu'on les avait condamnés ? Cette situation n'est pas rare et nous avons tous eu des surprises dans ce domaine. Une blouse blanche ne fait pas de nous des devins. J'ai rencontré sa femme à plusieurs reprises et elle nous demande de tenter le tout pour le tout. Elle est sa personne de confiance. Elle n'est pas prête à le laisser partir.

Le réanimateur se tait et nous en resterons là car l'affaire pourrait prendre une allure personnelle. La réunion du staff est terminée, on continue de boire du café et je sens bien qu'il souhaite me convaincre.

— OK, nous ne sommes pas obsédés à l'idée de libérer des lits. Tu le sais aussi bien que moi, ce n'est facile pour personne de plonger quelqu'un dans une sédation profonde. On bande les yeux des condamnés dans une exécution capitale. Est-ce pour adoucir l'horreur de leur destin ou pour ne pas troubler le peloton d'exécution ? En réanimation, on ne cache pas les yeux des mourants lorsqu'on pousse sur le piston, on ne leur caresse pas non plus la joue.

Je croque avec gourmandise la corne d'un croissant. Elle est croustillante, délicieuse, et je regarde le réanimateur dans le fond des yeux. Même s'il se défend, je sens bien qu'il devra lâcher du lest. C'est tout ce que je cherche. Maçon a une chance minuscule de s'en sortir mais, si petite soit-elle, je ferai tout pour la tenter. Je parie sur la vie, question de philosophie, même si plus le temps passe et plus il devient un numéro de dossier qui sera bientôt classé.

À peine ai-je franchi les portes de l'unité que sa compagne surgit dans les escaliers. À sa mine, elle doit s'attendre à de bonnes nouvelles. Après ce que je viens d'entendre, je me sens bien incapable de la « préparer ». Elle s'agrippe à mes basques et veut des nouvelles, des bonnes bien entendu. Je l'informe que rien n'est gagné et que l'équipe vient d'étudier son cas. Je n'ai pas le temps d'aller plus loin que son sourire se fige.

— Je sais très bien comment se passent vos réunions. C'est le règne de l'arbitraire. Lors d'une décision de justice, on a le droit à un débat contradictoire. C'est impossible avec des médecins qui se considèrent comme les maîtres après Dieu. Ils ont droit de vie ou de mort. La défense n'a pas la parole et lorsque la décision est prise, la sentence est immédiate. Vous n'êtes que des apprentis sorciers et je ne vous laisserai pas faire…

— Madame, ne vous méprenez pas, nous sommes vos alliés. Nous luttons pour que Monsieur Maçon recouvre ses fonctions. C'est ce combat qui est mené et rien d'autre.

Mais elle continue de m'invectiver quoi que je dise. Pour elle, je suis inefficace. Et si j'étais courageux, ajoute-t-elle, je devrais imposer aux réanimateurs ses instructions.

Me croirait-elle si je lui disais tout ce que j'ai fait pour lui ?… Son esprit est troublé. Sa raison s'égare. Difficile de défendre l'indéfendable. Alors je prétexte une urgence à l'autre bout de l'hôpital et vais consacrer le reste de ma journée à oublier ses ondes négatives. Un peu plus tard, lorsque j'ai retrouvé le calme, je ne peux m'empêcher de m'interroger : pourquoi ai-je pris cette histoire tellement à cœur ? Ma sympathie pour l'artiste ? Je n'en ai aucune honte. Mes efforts désespérés sur le carrelage de sa cuisine, probablement. Le pronostic est sombre. L'orange a viré au rouge et sa compagne me pousse à l'abandon. Je vacille mais je m'acharnerai à le défendre quelques jours encore. Le temps que le destin s'exprime.

Le réanimateur avait raison, je suis un individu dangereux.

18

Le Président va beaucoup mieux. J'entends déjà résonner *La Marseillaise* pour ses médecins français. Nous lui avons sauvé la vie, sans aucun doute. Enfin les honneurs pour ces héros qui sont toujours dans l'ombre. Il est beau, il a le teint frais, mon Président. Je dis mon Président car je trouve qu'il est un peu à moi après ce qu'il vient de traverser. Dans les mauvaises heures, son visage avait tourné au gris-vert. Il est parfaitement réveillé et commence à marcher avec des béquilles. Si ses deux femmes continuent de me dévisager avec défiance, j'ai noué avec James une réelle sympathie. Il passe sa vie à parer les coups et je connais la question. Le patient est assis dans son lit immaculé et la photo serait belle si je pouvais la prendre. Même s'il émerge à peine, il trône avec majesté au milieu de sa garde rapprochée. Tout est dans la posture, un ensemble de comportements imperceptibles qui font de lui un chef. Lorsqu'il m'adresse la parole dans un anglais hésitant, je lui réponds que je suis très satisfait de son état et que dans quelques jours, il pourra sortir de l'hôpital.

À cet instant, son visage se ferme. Trop tard, le mal est fait, je l'ai contrarié.

— Docteur, ce n'est pas à vous de m'indiquer ce que j'ai à faire. Et comme je me sens mieux, j'ai décidé de partir dès ce soir.

Mes cheveux se hérissent. S'il s'en va, je ne donne pas cher de sa peau. L'homme qui ne connaît pas le dialogue ne me pardonne pas ce faux pas : on ne parle pas ainsi à un chef d'État. C'est lui qui décide. J'ai beau lui rappeler qu'il est encore fragile, rien n'y fait. Quelques instants plus tard, ses femmes préparent ses affaires. Elles se livrent à un rangement succinct. Tout est mis dans la grande valise. Quant à la plus petite, elles tournent autour et la considèrent comme si elle était radioactive.

James n'essaie même pas d'intervenir car le Président reste inflexible.

— Il n'est pas du genre à s'éterniser quelque part. Pour lui, la gestion du risque d'attentat est simple. Pas plus d'un jour à la même place. Il veut aller à Vienne, c'est son refuge et il sait qu'il y arrivera car il a la peau dure. Il s'y sent chez lui, me confie le chef du protocole.

Les bras ballants, je retourne dans le bureau des médecins de l'étage. Je vais préparer les documents de sortie. Dans le compte rendu, j'explique : départ contre avis médical, et j'insiste sur le fait qu'il a été informé devant témoins des dangers qu'il encourt. Entre deux phrases, mon regard plonge par la fenêtre vers les marronniers qui se balancent paisiblement au gré du vent. Suis-je déçu, en colère ? Oui, bien sûr. Et en plus, je devrais rester impassible !

On lui sauve la peau et il s'en va sans un mot. C'est facile de tourner le dos à ses bienfaiteurs une fois qu'ils vous ont sorti de l'ornière. Est-ce un sauvage ou un mal élevé ?

Les gens nous associent le plus souvent à leur misère et rarement à leur salut. Je suis devant l'ordinateur, les yeux dans le vide. Mon épisode James Bond est terminé. Je me surprends en train de sourire car dans les films, Bond n'a jamais reçu la moindre félicitation de ses supérieurs. Bien au contraire, ils le menacent régulièrement de le mettre à la porte.

Magali entre sur la pointe des pieds. On voit souvent des femmes qui marchent ainsi dans les lieux de culte. C'est une manière de manifester leur déférence.

— Le Président est en train de partir et depuis son arrivée, aucune formalité administrative n'a été effectuée. Pourriez-vous le convaincre de le faire car nous avons essayé de collecter les informations nécessaires et il nous a renvoyés ?

Avec des pieds de plomb, je me dirige vers sa chambre. Le départ est imminent. Un dialogue de sourds s'installe.

Considérant ma promesse de le faire rentrer incognito, il déclare n'avoir aucun élément à fournir à l'administration de l'hôpital. Je lui déclare avec aplomb et une sérénité factice :

— On ne peut organiser votre sortie sans que ces formalités aient été effectuées.

Le camp adverse parlemente, l'atmosphère est tendue entre le Président et ses femmes. Je ne comprends rien à ce qu'ils disent. Les deux épouses me dévisagent. Le ton monte.

— Qui doit faire les papiers pour ma sortie ? demande le Président.

— C'est moi.

Je baisse les yeux et attends que cela se passe. Les discussions reprennent. L'une de ses épouses se lève et entrouvre la valise mystérieuse qui, soudain, livre son secret. Elle est pleine de billets de banque : livres sterling, dollars, euros. Je suis abasourdi. Jamais vu une telle somme. Elle prend une liasse qu'elle soupèse d'un air entendu et la remet au Président qui me la tend.

— Voilà pour vous, vous m'avez bien soigné. Allez faire mes papiers. Je dois partir rapidement. Mon chef du protocole ira voir la direction plus tard.

L'argent est tout prêt de mon visage, je sens une odeur âcre, celle de l'encre des billets neufs. Une telle somme paierait bien plus que l'essence des vacances. Elle nous offrirait toutes les vacances.

— Je vous remercie, Monsieur le Président, mais je ne peux pas accepter cet argent.

Je connais cette méthode de tyran qui offre dix fois le prix pour asservir son entourage. Il ne me prendra pas à son piège. Et cet argent, si je l'accepte, me rabaisserait, me déshonorerait. Si, au début, j'ai été impressionné par le personnage, je suis déçu par ses procédés de voyou en cavale. Son bras reste dans le vide et je regarde ailleurs. Humilié, il rend l'argent à sa femme qui l'enfouit aussitôt sous sa burka. D'un revers de main, il me fait signe de me retirer. Décidément, nous ne serons pas amis.

Après quelques instants passés sur l'ordinateur, les documents sont remplis, le compte rendu d'hospitalisation est rédigé. L'infirmière me présente un formulaire de sortie contre avis médical. Je grimace. Le Président n'acceptera pas de le signer et c'est un nouvel incident en perspective. Avec douceur, elle me fait remarquer que, pressé de partir, il ne s'appesantira peut-être pas sur le contenu…

Calfeutré dans le bureau, le temps qui passera ensuite me laissera une impression étrange, celle d'une injuste destitution. Mais cette sensation pénible n'est-elle pas propre aux destitutions ? Amer, j'assiste au départ dans le couloir. Une procession discrète et silencieuse se dirige vers l'ascenseur. Le Président, trônant sur une chaise roulante, nous quitte entouré de sa cour. Je le salue en inclinant le cou sèchement, ses femmes ne daignent même pas me jeter un regard et l'infirmière, le sourire aux lèvres, m'informe qu'elle a fait signer tous les documents sans qu'il essaie de déchiffrer ce qui était inscrit.

— Ce fut une simple formalité administrative…, ajoute-t-elle.

J'ai envie de l'embrasser.

— Merci, grâce à vous je ne me retrouverai pas, encore une fois, dans le bureau du directeur.

19

Deux jours passent et si l'on me posait la question, je répondrais que je n'ai fait aucun effort pour oublier le Président. Il a disparu de ma mémoire comme s'il n'avait jamais existé. Je dispose d'un don réel pour effacer ce qui m'affecte. Ma cervelle, à mon insu, fait le ménage. Quelques nuits de sommeil et j'oublie les mauvais souvenirs. Ça, c'est la version officielle. En fait, je n'y arrive pas si facilement, loin de là. Voilà pour les désagréments lorsqu'ils viennent à ma rencontre. Quant aux bienfaits, si j'en reçois, malheureusement, la sensation agréable est éphémère.

Le mari de Françoise ne me lâche pas d'une semelle. Il la trouve mieux ces temps-ci et me harcèle pour que l'on reconstitue l'intégrité de son tube digestif. Même si à ce stade on a rangé les baguettes magiques, je me garde bien de le rappeler à la réalité. Cruauté inutile. Bousculé par un mari qui refuse la fatalité, je fais venir un chirurgien qui me demande pourquoi je le dérange et un oncologue qui rabâche qu'aucune chimiothérapie ne peut apporter d'amélioration. Les deux collègues martèlent ces phrases et le pauvre homme encaisse les coups sans broncher. En repartant, dès que nous nous retrouvons seuls, il se tourne vers moi.

— Je pensais que les médecins luttaient pour la vie jusqu'au bout. Je me suis trompé. Que les associations pour la mort dans la dignité se rassurent, dès que la houle se lève, on nous laisse mourir, voire on nous propose de l'aide pour dégager plus vite. N'y a-t-il donc personne pour nous donner un peu d'espoir ?

Il ne sanglote pas, ne geint pas, son corps s'est raidi pendant que des larmes coulent sur ses joues.

— Monsieur Berthier, nous sommes allés au-delà des procédures habituelles et nous continuons de lutter pour qu'elle survive. Vous le savez bien, non ?

— Oui, bien sûr, mais on ne peut pas m'empêcher d'espérer.

Berthier m'informe qu'il va demander d'autres opinions et je l'y encourage. Malheureusement, les médecins qu'il va consulter, et ce seront des sommités, ne lui laisseront pas entrevoir le moindre carré de ciel bleu. Ils suggéreront même qu'elle rentre chez elle pour y mourir. Quant à Françoise, elle ne demande rien. Elle se contente de ce qu'on lui donne. De tous ses bourreaux, semble-t-il, je suis le plus clément. Je vais la voir deux fois par jour et lui rappelle, chaque fois qu'elle me le demande, que je la soutiendrai quoi qu'il arrive.

Son fils passe plusieurs fois par semaine. Romain est un garçon discret, tout blond, avec une frange qui lui barre le front. Il a la taille d'un homme et un visage d'enfant. Le plus souvent posté dans un coin de la chambre, il ne dit rien, il est là, comme un poussin devenu grand qui reste près de sa mère. Il m'observe et je l'enveloppe d'un regard bienveillant, sans jamais évoquer la gravité de la situation puisque cela lui ferait plus de mal encore.

★★★★

Ce matin, je suis passé voir Maçon. Aux abords du service, j'avais les pieds de plomb en me disant qu'on me ferait sentir, une fois encore, que je suis responsable d'une agonie stérile et coûteuse. Pourtant, dès qu'il m'aperçoit, le réanimateur (l'amateur de voyageprive.com) m'annonce que notre patient semble sortir du coma. Il se félicite d'avoir persévéré dans le combat.

— Il ouvre les yeux et ses poumons luttent contre la machine. C'est bon signe, on va pouvoir l'extuber.

Mon collègue se garde bien de reconnaître ses erreurs. Bon joueur, je le remercie pour son courage en le regardant droit dans les yeux mais cela ne le trouble nullement. Il doit en avoir l'habitude.

Je n'y croyais plus. Soudain, mon cœur s'allège d'un fardeau que je portais depuis ce matin tragique. J'avais presque accepté la fatalité et si l'on m'avait annoncé sa mort, j'aurais eu bonne conscience. Ainsi, je vais peut-être retrouver mon peintre. Je me vois déjà en train de lui raconter en riant cet arrière-goût de vomi que j'ai longtemps gardé dans la gorge. En sortant du service, je croise sa compagne qui attend l'heure des visites. Cette fois, je n'ai pas envie de me sauver. Je lui annonce que nous sommes en vue de la terre. Elle saute dans mes bras et m'embrasse chaleureusement devant d'autres parents qui attendent dans l'angoisse. Ils envient cette femme et ses larmes d'allégresse.

Je subis son étreinte avec un réel plaisir. Elle qui était si difficile d'habitude… On se congratule d'avoir tenu bon et je m'éloigne dans le couloir.

20

Dimanche matin

Il est tout juste 9 heures lorsque je franchis le hall de l'hôpital et hâte le pas jusqu'au vestiaire pour enfiler ma blouse. On ne se bouscule pas dans les couloirs. Des infirmières me croisent en riant. Une blonde, une rousse et une brune. Elles doivent avoir dans les 25 ans. Je leur souris et, à leur manière de ne pas prêter attention à moi, il faut se rendre à l'évidence : l'âge m'est tombé dessus par surprise.

J'ai deux heures pour voir tous les patients hospitalisés avant un déjeuner en famille.

Françoise ne va pas bien. Ses yeux sont creux, rentrés dans leurs orbites. Elle a dans le regard le même désespoir, la même supplication que les prisonniers des camps de concentration. Aujourd'hui, sur les potences, même si on a remplacé les gibets par des balançoires, le cancer, lui, dans les couloirs de la mort, a pris la place des tyrans. C'est un ennemi aussi cruel qu'efficace. Sur sa table de nuit se sont accumulés des objets de culte qu'il n'y avait pas ces derniers jours. Ça sent la veillée funèbre mais à force de le répéter et que rien ne se passe, on pourrait imaginer que l'on va une fois de plus réussir à repousser l'échéance.

Romain est là, à son poste, dans un coin de la chambre, et je vois bien l'inquiétude qui règne dans ses yeux. Sa mère halète et gémit. Je demande que tout le monde sorte.

Comment la convaincre qu'elle va une fois de plus s'en sortir, à moins d'être un escroc et un menteur ? Je conserve une posture pleine de retenue. En soulevant le drap, je m'aperçois que son ventre s'est arrondi dans des proportions inquiétantes et que sa peau tendue brille sous la lumière du néon. L'ombilic saille pour laisser de la place à l'ascite qui envahit le moindre espace libre. Elle plonge dans mes yeux pour lire ce que je pense.

— Je sens bien que ça tourne mal même si vous aviez le sourire en entrant dans ma chambre.

— Je sais ce qui vous tracasse, lui dis-je en lui montrant son ventre distendu. En nous guidant avec une sonde d'échographie, on va vous libérer de quelques litres d'ascite et vous serez soulagée.

Elle me fixe et n'ose pas y croire. J'affirme qu'il s'agit d'un incident que nous allons corriger le matin même. Pas question de voir plus loin. Cette ponction ne sera qu'un répit. On vit au jour le jour. Et moi, je lui cache l'échéance comme un bourreau cache sa hache au supplicié.

— Au stade où j'en suis, partir n'est plus ce que je redoute. Je m'y prépare. Mais j'aimerais que vous me permettiez de voir les 18 ans de mon fils.

— Je sais, votre mari m'en a parlé. On est là pour vous aider.

— Tenir est un combat qui ne me lâche jamais, surtout les nuits qui sont interminables. À chaque vertige, chaque malaise, on se dit que c'est l'heure. Il arrive un moment où il devient plus difficile de vivre que de mourir. Vous, les bien portants, ne savez pas ce que c'est que de frôler la mort plusieurs fois par jour.

— Non, c'est vrai, et il faut avoir été très malade pour comprendre vraiment ceux qui souffrent.

— Que Dieu vous entende.

— C'est peut-être lui qui guide nos mains.

Le silence résonne dans la chambre. Je suis une fois de plus plongé dans mes pensées lorsque sa voix fluette m'interpelle de nouveau.

— Avant d'être malade, je ne croyais plus en Dieu. Il faut dire que dès l'adolescence, Nietzsche m'en avait convaincue. Mais maintenant, je sens la présence du Seigneur près de moi en permanence et ça m'aide beaucoup.

— Vous savez, Nietzsche a tenté d'en convaincre le monde entier et il a assez bien réussi. Pourtant, un jour où je me promenais dans les rues de Berlin, j'ai lu cette phrase sur le mur écrite en très gros caractères : Nietzsche est mort. Signé : DIEU.

Françoise ne gémit plus, elle rit même si elle halète.

En sortant de la chambre, le mari et le fils sont sur le qui-vive. Ils attendent que je leur annonce la nouvelle. Sur un ton neutre, j'explique qu'elle traverse une péripétie et que je vais la soulager. Son mari exige de connaître l'heure à laquelle sera pratiquée la ponction. Je lui réponds que je ne quitterai pas l'établissement avant d'avoir tout organisé. Romain baisse les yeux comme un veau qu'on mène à l'abattoir. Je suis convaincu qu'il ne me croit pas, que le drame de sa mère le frappe chaque fois un peu plus fort et que se grave irréversiblement dans la cire vierge de ses 17 ans la perte de l'être qui lui est le plus cher au monde.

Échappé de l'enfer, je rentre chez moi en pédalant dans les rues de Paris. L'air de la fin du mois de septembre est un début de fraîcheur qui me caresse le visage. Ça m'apaise.

Mon esprit vagabonde sans réelle cohérence, je roule et soudain me revient à l'esprit l'image insupportable de l'officier d'Auschwitz qui allait cueillir des myrtilles avec sa femme et ses filles après son service. Il aimait faire de la confiture. C'est sûr, nous sommes profondément différents, mais nous avons un point commun : nous fréquentons les couloirs de la mort. L'un pour tuer, l'autre pour sauver. Si ce lien existe, il me révolte, il me bouleverse.

Dès l'entrée de l'appartement, la voix de mes enfants qui rient et se chamaillent tente de me faire revenir sur terre. Dominique prépare le repas. L'odeur du roast-beef dominical m'enivre. Il paraît que c'est ça, le bonheur. Je peux le confirmer. Difficile d'afficher un regard insouciant quand on a une vue imprenable sur le néant. Difficile, et peut-être impossible pour les autres, de se douter à quel point ça entame un être en profondeur. Après quelques instants, je m'acclimate et redeviens un papa presque normal car, pour les miens, je rentre, je sors, et le plus souvent, je ne suis que de mauvaise humeur.

21

Dimanche dans l'après-midi

De retour de la Fnac des Champs-Élysées, je m'engage sur la place de l'Étoile histoire d'avoir quelques sensations fortes, puis je suis en pleine descente sur l'avenue de la Grande-Armée lorsque mon iPhone vibre contre ma cuisse. Un coup d'œil rapide sur l'écran me fait perdre l'équilibre. Il s'y affiche le nom d'un ministre de la République. Je l'ai connu à une époque où il n'était rien. Il a beaucoup changé depuis qu'il est ministre. À part cette évolution incontournable, l'homme est resté fidèle à quelques amis et j'en fais partie. Je freine brutalement. Mon vélo grince et je pose les pieds à terre pour ne pas me faire écraser par un bus qui passe. Je prends l'appel. Priorité absolue puisqu'il s'agit de la France.

— Bonsoir Vlaminck, excusez-moi de vous déranger. Vous devez être en famille à cette heure. J'ai un de mes meilleurs amis qui est dans mon bureau. On vient de lui annoncer qu'il a une leucémie. Il a 62 ans. Sa femme est morte d'un cancer récemment et il a choisi de se faire euthanasier. Il part demain matin pour la Suisse.

— C'est tragique ce que vous m'apprenez, Monsieur le ministre.

— Ne pensez-vous pas qu'on pourrait lui donner au moins une dernière chance ?

— Il faudrait étudier son cas. On a fait d'énormes progrès dans le domaine de la leucémie. Cela vaudrait la peine de mener quelques investigations et de lui donner un deuxième avis avant qu'il décide de raccrocher les gants.

— Puis-je vous le passer ? Il est à côté de moi.

Au milieu des caquètements de la foule, dans un premier temps, je n'entends rien et crois à une coupure de la ligne. Et soudain…

— Bonjour Monsieur, fait une voix grave.

J'émets quelques mots compatissants. Il me répond sèchement qu'il n'a pas sollicité mes services. Appuyé sur le guidon, en regardant les gens qui passent, j'ai juste le temps de lui proposer de faire le point avant son départ, de tout lui dire sans concession, et qu'il prenne sa décision en connaissance de cause. D'une voix toujours glaciale, il me remercie et raccroche.

Perplexe, tout près de l'Arc de Triomphe majestueux qui me domine, je viens de lancer une bouteille à la mer, un geste dérisoire.

Devant mon regard vide, les touristes joyeux vont et viennent sur l'avenue de la Grande-Armée et des amoureux s'embrassent en se faisant des selfies.

Je remonte sur mon vélo et descends jusqu'à la porte Maillot. En nage, au milieu des voitures qui me frôlent, j'étouffe presque. Assailli par les microparticules et les gaz d'échappement qui envahissent mes poumons, je m'interroge sur l'intérêt de faire de l'exercice dans les rues de Paris.

Il est 18 heures et j'arrive enfin chez moi. Dominique est gentille et de bonne humeur. La vie est belle à la maison. La soirée se passe sans heurts. Je me détends et juste au moment où je ne pense plus à rien, un SMS apparaît sur l'écran de mon téléphone. « J'ai bien réfléchi. Je repousse mon voyage pour la Suisse de 24 heures et souhaiterais faire les examens dont vous m'avez parlé lundi matin. Gérard Leverger. »

Un condamné vient de jouer sa vie à pile ou face. Au moins, il aura un sursis de quelques jours. J'ai dû avoir un drôle d'air en lisant ce message. Car à ce moment, ma femme, agacée, me rappelle que les dimanches sont réservés à la famille.

★★★★

Lundi matin

Bilan sanguin pour Monsieur Leverger et rendez-vous pour commenter les résultats à 18 heures. Je n'y pense plus de la journée et tiens prêt un discours d'espoir dans un coin de mon cerveau même si les résultats sont mauvais. Il faut être charitable avec ceux qui vont bientôt mourir, inutile d'en ajouter à leur torture. Jamais je n'aurais la cruauté de lui dire :

— Vous aviez raison, vous êtes cuit, prenez un aller simple pour Genève…

Vers 17 h 30, je discute avec un collègue dans le couloir. L'alerte de mes e-mails m'informe que je viens de recevoir des résultats de laboratoire. Sur le moment, je crois à une erreur mais, après vérification, il s'agit bien de ceux de Monsieur Gérard Leverger. Les résultats ont été validés et ils sont strictement normaux. Pas le moindre signe de leucémie ni d'une autre affection. Il est en parfaite santé. Les yeux rivés sur mon téléphone, je relis attentivement le bilan. Je n'ose pas y croire ni même me réjouir. Et si le laboratoire s'était trompé ? Je suis dans le hall de l'hôpital, au téléphone, en train d'invectiver une biologiste qui se défend tant bien que mal en me confirmant que ces résultats ont bien été vérifiés.

— Aucun doute possible, insiste-t-elle lorsque j'entends Leverger demander à l'hôtesse d'accueil où est mon bureau.

Il a plutôt belle allure, bien conservé, la soixantaine avec une crinière blanche. D'une voix légèrement tremblante, je me signale. Son regard est tragique, celui d'un condamné ligoté au poteau d'exécution et convaincu que je vais lui assener le coup de grâce : la vérité, rien que la vérité, et probablement la Suisse. Je bredouille, le salue et nous nous dirigeons vers mon bureau à une bonne cinquantaine de mètres pendant lequel je dois lui imposer un moment de silence cruel. Soudain, n'y tenant plus, je m'arrête en plein milieu du couloir et lui annonce qu'il va bien et qu'il ne va pas mourir. Leverger me regarde. Il ne comprend pas ce que je suis en train de lui dire. Si elles sont sorties de ma bouche, mes paroles ont dû se perdre en route. Il s'ébauche alors entre nous un dialogue de sourds. J'ai beau lui répéter qu'il est en bonne santé, il n'arrive pas à me croire. J'affirme une nouvelle fois dans mon bureau qu'il n'a rien et lui présente les résultats que je viens d'imprimer. Leverger devrait sauter de joie mais il ne réagit pas. Il semble ailleurs.

— Pourriez-vous me montrer vos autres analyses.

— Je ne les ai pas, elles sont chez mon médecin.

— Appelons-le pour qu'il nous explique…

— Non, il ne vaut mieux pas, je commence à comprendre. Après m'avoir annoncé que j'étais malade, il m'a suggéré de vendre tous mes biens. Je le considérais comme un ami intime. Et c'est lui qui a pris le rendez-vous en Suisse.

— Là, ce n'est plus de mon ressort. Je crois que vous devriez aller voir la police.

Leverger a le regard dans le vide, il n'est même pas en colère. Absent, il me lâche :

— Alors, je n'ai rien, vous en êtes sûr ?

— Ne cachez pas votre joie, vous n'avez rien, c'est certain.

— Je n'arrive pas à réaliser ce qui m'arrive. Je ne suis pas encore en colère mais je crois que ça ne va pas tarder.

22

Après cette leucémie qui n'en était pas une, le cœur joyeux, je me dirige en sifflotant vers les soins intensifs. Encore une vie sauvée. J'éprouve un soulagement qui va durer quelques heures, un petit bonheur éphémère. Point de couronne de laurier ni de remerciements, je l'ai expérimenté de nombreuses fois. Dans six mois, si je le croise dans la rue et que je l'interpelle, il est très probable qu'il ne se souvienne que très vaguement de moi.

Devant la porte du service de réanimation, une infirmière m'annonce que Pierre Maçon est réveillé. Il est extubé, il parle et a parfaitement reconnu son entourage. Mon peintre est revenu parmi nous ! Je vais enfin le retrouver et il sera bientôt dans son atelier. Deux vies sauvées dans la même journée. Cela me rend plus fort pour affronter la suite.

En approchant du lit, je découvre Maçon. C'est le moment des retrouvailles. Il est à demi assis, légèrement penché en avant et semble pensif. Ses yeux sont grands ouverts. Plus de tube, il est redevenu un être à part entière. Il tourne la tête et en me découvrant, son visage se marque d'une étrange expression. Sur le moment, je mets ça sur le compte de l'émotion. Je lui tends les bras pour lui souhaiter un bon retour parmi nous mais il me stoppe net, froid et déterminé.

— De quel droit m'avez-vous emmené à l'hôpital ? Je ne vous ai jamais autorisé à me ranimer. Vous saviez que je n'avais pas d'intérêt pour la vie et vous vous êtes livré sur moi à un acharnement thérapeutique inacceptable.

J'ai beau lui expliquer les circonstances dans lesquelles je l'ai trouvé, il ne me croit pas et me fait signe de quitter les lieux d'un revers de la main. J'imagine qu'il n'a pas bien recouvré ses esprits mais il me confirme qu'il a les idées claires et que dorénavant, il se passera de mes services. Le ton monte. Les infirmières nous regardent. Stupéfait, meurtri, honteux, je quitte les lieux.

Dans ce genre de circonstance, les premiers instants sont les plus douloureux. On souffre comme lors d'une rupture amoureuse ou de la trahison d'un ami.

Aurais-je dû laisser mourir Maçon ce matin-là ? Sûrement pas.

Il peut me blâmer et c'est tant pis pour moi. Peut-être un jour, plus tard, aimera-t-il de nouveau la vie…

J'ai trop mal, ce soir. J'erre dans les couloirs et ne me sens plus la force d'entrer dans les chambres ni de faire mine de m'intéresser aux patients. Je ne suis que tristesse et amertume. Des collègues me saluent dans le couloir, je leur réponds en me forçant à sourire lorsque je bouscule la compagne de Maçon. Elle a les yeux écarquillés et je ne trouve dans son regard que du vide. Pas le moindre trouble. La tête baissée, résigné, j'attends la sentence lorsqu'elle me prend par la manche. Sa bouche s'ouvre. Décidément, aucune souffrance ne me sera épargnée…

— Je crains qu'à l'avenir, on n'ait pas l'occasion de se revoir. Pierre est monstrueux avec vous. Je vous demande de lui pardonner. Vous avez fait votre devoir et je vous en remercie. D'autre part, j'ai été informée par les gens de l'immeuble que vous avez sauvé des familles qui y habitent en évitant une explosion due au gaz. Sans votre intervention, il y aurait eu d'autres morts en plus de celle de mon compagnon.

Je lui réponds qu'il n'y a pas de justice, ni dans un sens, ni dans l'autre, que je ne m'y habituerai jamais, et je m'éloigne. Il faut que je relègue ce Maçon au plus loin dans les archives de ma mémoire. La force, c'est d'accepter, de s'élever, de ne pas se laisser aller à l'amertume, sinon, on ne ferait plus rien pour les autres.

Égaré dans une brume épaisse, je me dirige vers le bureau de consultation.

Les portes défilent devant mes yeux. Je connais bien toutes ces chambres où j'ai connu tant d'émotions, des joies, des drames, quelques succès. Et dire qu'un jour peut-être, à mon tour, je finirai dans une de ces chambres. Le parcours, je le connais déjà par cœur. Pas sûr que je voudrais l'effectuer. Si je déteste la mort, je ne me réjouis pas vraiment de la vie. En tout cas, de celle que je mène.

23

Dans l'après-midi

— J'aurais besoin d'une attestation pour les autorités américaines.

Dès qu'il ouvre la bouche, je me souviens du catcheur aux difficultés d'érection. Je l'avais presque oublié.

— Cela faisait longtemps que j'étais seul et puis j'ai rencontré cette femme, Michèle. Vous vous souvenez, le Viagra, c'était pour elle. Il a fini par faire son effet... Après tout ce temps sans activité, ma mécanique s'était rouillée. Pas facile de faire repartir la machine.

La futilité de ces propos me détend après ce que Maçon vient de m'infliger.

— Michèle m'a annoncé qu'elle devait quitter Paris pour une mission de trois mois à New York. Après une semaine d'absence, j'ai décidé de la rejoindre. Alors un matin, je suis parti sans bagages, même pas de brosse à dents, rien. J'avais juste l'essentiel dans ma poche : mes comprimés…

Plongé dans le dossier de celui que j'appellerai Robert Warnier, j'ai du mal à déchiffrer mon écriture. Quelques mots griffonnés pour dire que le quinquagénaire a du retard à l'allumage et que son bilan est strictement normal. Dans un coin, j'ai inscrit : « psy ». C'est un anxieux, un nerveux, mais il a un physique de déménageur et une tête de tueur à gages. C'est peu courant mais pas rare.

— Tout s'est bien passé pendant le vol. Comme vous m'aviez demandé de prendre le Viagra plusieurs heures à l'avance, je devais l'avaler avant d'atterrir. Mais il m'a échappé des mains en pleine obscurité. Tout le monde dormait dans l'avion et j'ai cru le voir rouler sous le siège de mon voisin de l'autre côté de la travée. J'étais en train de le chercher lorsqu'une hôtesse, qui ne m'avait pas vu dans l'obscurité, m'a percuté et s'est étalée de tout son long. Elle s'est mise à hurler. Aussitôt, on a allumé les lumières. J'ai eu beau déclarer que j'avais perdu un médicament, des membres du personnel de bord l'ont cherché en vain. Ils n'ont rien trouvé et j'ai vite compris qu'ils ne me croyaient pas. Alors, la tension est montée dans l'avion. On m'a demandé de rester à ma place jusqu'à la fin du vol. À l'arrivée, à New York, la police m'attendait à la coupée comme un terroriste. On m'a interrogé puis j'ai été expulsé vers la France. J'ai eu beau insister, ils m'ont demandé d'obtenir une attestation de mon médecin prouvant mes allégations si je voulais avoir une chance de revenir aux États-Unis.

Il a une vraie tête de suspect, mon catcheur, et il attend, K-O, pendant que j'échafaude un moyen de le blanchir. Mais quoi que j'écrive, est-ce qu'une administration d'outre-Atlantique saura distinguer, avec son physique peu engageant, un Français amoureux d'un terroriste poseur de bombes ?

★★★★

Romain, le fils de Françoise, est vautré sur la banquette du salon d'attente. Il m'attend. Après lui, il n'y a plus personne et j'ai hâte de rentrer chez moi.

Ce n'est pas un adolescent comme les autres, pas un de ceux qui se révoltent contre leurs parents. Cette maman si souffrante lui donne une gravité, une profondeur que n'ont pas les jeunes gens de son âge. Lui, il a brûlé les étapes. Sa mère part bien trop tôt.

— Pourriez-vous monter ?

— Que se passe-t-il ?

— J'ai une mauvaise impression. Elle me répond à peine lorsque je lui parle.

— OK. Autre chose ?

— Je voudrais savoir quand elle guérira. Cela fait plus de deux mois qu'elle est ici. J'ai beau interroger mon père, il est incapable de me donner une réponse claire.

J'avale laborieusement ma salive. Difficile de supporter son regard.

— Romain, votre mère est très malade et, depuis deux mois, il a été engagé un combat sans merci pour sa vie. Je vous assure que nous ne baissons pas les bras. Elle est d'un courage exceptionnel.

— Vous voulez dire qu'il n'est pas certain qu'elle s'en sorte ?

Je suis accablé. On a omis d'expliquer ce qui se passe à son fils. J'en prends conscience au même instant. Comme c'est trop tard, je lui réponds des phrases de circonstance...

— Je veux dire que c'est un combat et que nous en sommes là.

— Pensez-vous qu'on pourrait la guérir ailleurs ?

— Votre père m'a déjà posé cette question. Et dans son cas, la déplacer ne servirait à rien.

Romain se lève et me rappelle qu'il m'attend là-haut. À quoi bon lui assener la vérité et le blesser à mort alors que le destin s'en chargera bientôt...

En le raccompagnant, il y a un jeune couple qui s'est installé sur une banquette du salon d'attente. À sa manière de se voiler comme la Sainte Vierge et de baisser les yeux, je comprends aussitôt que la jeune femme est musulmane. L'homme, lui, est habillé à l'occidentale. Il me parle un anglais qu'il a dû apprendre dans une université américaine, à moins que ce ne soit Oxford ou Cambridge. Il porte un blouson de qualité et des chaussures de grand faiseur. Ils arrivent du Moyen-Orient et ont raté leur rendez-vous avec le gynécologue. Vu l'heure tardive, il doit profiter des joies familiales. Je leur explique que ce n'est pas mon domaine et qu'ils devront revenir le lendemain. Ils insistent, me supplient de les recevoir, ne serait-ce que quelques minutes. Ils sont en voyage de noces.

— Nous venons d'arriver à Paris. Nous nous sommes mariés cette semaine mais nous n'avons pas pu consommer le mariage. Ma femme a de fortes douleurs si je tente de la pénétrer.

Je ne peux pas l'interroger car elle ne parle pas l'anglais et je dois passer par le mari. Un usage assez courant sous ces latitudes. En proposant de l'examiner, je sais qu'il va refuser. Ça me permettra de couper court à notre entrevue et ne pas rentrer chez moi trop tard. Je suis fatigué. Il refuse l'examen mais insiste lourdement pour que je la soulage et qu'il puisse enfin avoir ce à quoi il a droit.

— Tout ce que je vous demande, c'est un médicament qui la calme ce soir, et on reviendra voir le gynécologue.

J'ai beau insister, sans savoir de quoi elle souffre, je ne peux en traiter la cause et il ne me lâche pas. À défaut d'examen, je reprends mon interrogatoire et apprends qu'elle est vierge, qu'elle se porte bien et n'a jamais subi d'examen gynécologique. C'est tout à fait classique et je n'insisterai pas pour des raisons culturelles. La tête entre mes mains pour réfléchir, il me vient une idée que je qualifierais d'originale.

— Vous allez lui appliquer une bonne dose de cette pommade anesthésiante dans le vagin. Attendez quelques minutes et normalement, elle ne sentira rien. On l'utilise sur des muqueuses lorsqu'il faut faire un examen douloureux.

Au même instant, le visage de la jeune mariée s'éclaire et je constate qu'elle comprend bien l'anglais.

Le mari, lui, semble satisfait. Je lui ai fourni une solution pour se livrer à un exercice qu'il devait attendre avec autant d'impatience que les enfants avec leurs cadeaux de Noël. Sans me demander combien il me doit, il pose sur le bureau une grosse coupure et quitte la pièce qui empestera probablement jusqu'au lendemain leur parfum capiteux.

Dans le jardin de l'hôpital, des gens se promènent paisiblement et les grands arbres, indifférents, affichent leur santé insolente. Ils sont tournés vers le ciel et se moquent bien de ce qui se passe ici-bas. C'est ce qui me plaît chez les arbres.

Je me sens un peu las, ce soir. Je range mes affaires et je rumine. Encore un effort, un dernier passage chez Madame Berthier et je rentre.

24

Un instant plus tard

Dans un état curieux, je traverse l'hôpital. Une fois de plus, je suis crevé. Lorsque j'aborde la chambre de Françoise, j'ai la tête ailleurs.

La poignée tourne et je ne me doute pas d'être au bord d'un gouffre. Dès que j'entre dans la chambre, j'en vois soudain le fond. Je me souviendrai longtemps de cet instant très court, comme un arrêt sur image.

Romain et son père sont au chevet de Françoise et au premier coup d'œil, la réalité s'affiche devant mes yeux. Pression artérielle imprenable, désaturation en oxygène massive… Françoise est inconsciente. J'enrage alors que je déclenche la procédure d'urgence. Et dire que je perdais mon temps avec mes jeunes mariés pendant que cette pauvre Françoise s'en allait ! Je tourne le robinet de l'oxygène à fond et ouvre grand la vanne de la perfusion. Impuissant, il faut se rendre à l'évidence, elle est en train de s'éteindre alors que ses lèvres murmurent quelque chose d'inaudible.

Je l'avais trouvée mieux la veille. Depuis longtemps, je ne l'avais pas vue aussi bien. Probablement l'embellie *ante mortem*. Il y a souvent une amélioration inexpliquée juste avant la mort et on se fait avoir chaque fois.

Berthier me prend à part. Il a compris et un travail macabre s'opère dans son esprit. Cette fois, il a baissé les bras. Je le regarde sombrer devant le destin qui s'impose. D'une voix grave, il a une dernière requête…

— Notre fils ne doit pas assister à cela. Il ne veut pas quitter sa mère. S'il vous plaît, aidez-moi, évitez-lui ce calvaire. Ça lui fait déjà assez de mal.

Il ne s'est pas passé plus de cinq minutes lorsque le réanimateur arrive. Les poings sur les hanches, il fait le tour du lit en la dévisageant longuement. Puis il parcourt le dossier en hochant la tête.

— Bon, OK, je peux te parler ?

Nous ressortons.

— C'est la femme dont tout le monde parle ? L'acharnement thérapeutique auquel tu t'es livré est bien plus important que j'aurais pu l'imaginer. Les matières fécales se déversent dans son ventre depuis deux mois et tu as réussi à la maintenir en vie ! C'est un record, un cas à publier !

— Au début, je n'y croyais pas non plus. Elle avait été laissée pour morte. J'étais chargé d'achever le travail. Et puis, la famille m'a tellement supplié que je me suis risqué jour après jour. Et en effet, cela fait un peu plus de deux mois que ça dure. Pour le tube digestif, j'avais observé des sangliers qui arrivaient à survivre avec des intestins perforés par les balles de chasseurs. Alors j'ai tenté, même si j'étais conscient que cela ne mènerait nulle part. Enfin, si, atteindre la date anniversaire de son fils.

— Tu as respecté son souhait, c'est bien, mais maintenant, avec un bolus de morphine, on va la faire surfer sur sa dernière vague.

— Pourrais-tu me rendre un service et la prendre en réanimation, ne serait-ce que pour quelques heures ? C'est juste pour que son fils n'assiste pas au décès. Pas moyen de le faire sortir de la chambre, d'après son père.

Depuis que je le connais, ce collègue est un bon camarade. Il a la rudesse des réanimateurs, mais il a dans le regard une empathie fraternelle qui me fait chaud au cœur.

— Je me doutais que tu allais me demander quelque chose. Vlaminck, tu es chiant…

Je baisse la tête et avoue :

— Oui.

L'expression de mon visage doit être celle d'un chien de la SPA et sûrement plus convaincante qu'une requête insistante.

— On n'a pas grand monde en ce moment… alors, c'est d'accord.

De retour dans la chambre, j'annonce la nouvelle à la famille. Quelques instants plus tard, je croise Magali dans le couloir.

— C'est fini ?

— Je le crains.

— Ce parcours restera pour nous une référence. Jusqu'à Françoise, on n'avait jamais donné autant la parole aux mourants. Personne ne se doutait qu'ils avaient tant de choses à dire et à vivre même si on ne fêtera pas les 18 ans de son fils.

Mon badge ouvre les portes de l'unité de réanimation. Françoise est au lit numéro 10. En voyant son corps allongé et inerte, je crois qu'elle est morte. Mais ses yeux s'ouvrent. Ils se tournent vers moi.

Soudain, elle s'agite, ses yeux sont grands ouverts, elle veut parler mais le masque à oxygène la gêne. Je le lui enlève.

— Où est mon fils ? Je veux voir mon fils…

— Il va venir vous voir car aujourd'hui, c'est son anniversaire. Il a 18 ans.

Françoise marque un temps d'arrêt puis s'immobilise. Son visage s'illumine. Elle a un sourire émerveillé qui se fige aussitôt car elle vient de mourir.

Je suis allé voir mon collègue pour le remercier.

25

Il est à peine 17 heures et j'ai quitté l'hôpital. Certains penseront que je suis une âme sensible si j'arrête le travail sous prétexte que je viens de perdre une patiente.

Je revendique cette sensibilité qui n'est pas une vulnérabilité. Ce n'est pas parce qu'on voit des gens mourir régulièrement que cela devient une routine. Aux antipodes d'un Josef Mengele qui avait perdu (ou n'avait jamais eu) son humanité devant tous ces pauvres gens qui défilaient devant lui et qui ne lui inspiraient pas la moindre pitié. Je revendique l'émotion, la compassion des soignants même s'il faut – et cela peut paraître contradictoire – nous endurcir face à la maladie et à la mort. Il nous faut porter dignement tous ces malheureux jusqu'au bout. Et c'est lourd. Je ne vais pas faire des simagrées lorsque Françoise vient de rendre son dernier soupir mais m'écarter un peu pour me recueillir. Je la garderai dans mon jardin secret et elle n'y sera pas seule. Car il est rempli d'ombres, comme elle maintenant, à qui je rends souvent visite.

Il fait gris mais les nuages ne sont pas épais. Le soleil ne demande qu'à percer. Je pédale doucement en direction du parc de Bagatelle pour une marche au milieu des arbres, des fleurs d'automne, pour respirer l'odeur rassurante des pelouses fraîchement tondues. C'est un lieu où les enfants courent après les paons et où les grands-mères admirent les roses. Les gens qui s'y promènent semblent heureux. Ils se délassent et moi, je m'y traîne avec ma peine. À partir de ce soir, Françoise n'existera plus que dans mes pensées. Je revois son dernier sourire. Elle le gardera pour l'éternité, gravé dans ma mémoire. Je l'ai volé, je lui ai menti mais je ne regrette rien.

Il est 18 heures et je tourne la clé dans la serrure. Dominique s'étonne que je rentre si tôt du travail. J'aurais tellement aimé qu'elle me prenne dans ses bras mais je n'ai même pas la force de lui expliquer ce qui arrive. Nous sommes dans des mondes si différents. Pas sûr que j'aurais envie de dîner, ce soir. Je ne suis qu'un marginal assis dans un coin, les yeux dans le vague, égaré dans une vie de famille. Alors, je m'isole et termine la soirée dans mon bureau à ressasser.

J'ai repris des forces pendant la nuit. Bien dormi, je suis apaisé ce matin. Douché, frotté, habillé de propre, il est 10 heures et je reçois Berthier père et fils. Je leur confirme protocolairement que, malgré tous nos efforts, Françoise Berthier est décédée. Ils n'ont aucune réaction, même pas de révolte. Je n'évoque pas son sourire qui restera un secret entre elle et moi. Ils me remercient sobrement avant de se retirer et je ne les reverrai jamais. Normal, je resterai pour eux un très mauvais souvenir.

Le reste de la journée, alors que j'expédie les affaires courantes, mon jeune couple du Moyen-Orient fait de nouveau le siège pour me parler. Ils refusent d'aller voir le gynécologue et semblent vouloir m'adopter. Je les fais rentrer entre deux patients.

— *You look tired*, me fait la jeune mariée.

Elle parle donc l'anglais…

Assis derrière le bureau, neutre, froid comme un mollusque, je les écoute. Le jeune homme tient à me féliciter, ma pommade a été miraculeuse, « l'opération » s'est bien passée. Elle n'a rien senti, pas la moindre douleur. Quant à lui, il n'a rien senti non plus. Et comme il est éjaculateur précoce, c'est indiscutablement hier soir qu'il a réalisé sa plus longue performance.

Et dire que je déteste la gynécologie. Je serai presque fier de moi lorsqu'il me prend à part et m'explique que si pour la durée, c'était parfait, son sexe était complètement anesthésié…

— Alors, il faut me donner une pommade qui m'empêche de jouir et qui calme ses douleurs, *please my doctor*…

Même si mon état d'âme est à un coefficient maximum de marée basse, je ne peux refréner une envie de sourire.

26

Dans le domaine d'incertitude dans lequel je vis, les jours et les semaines qui vont suivre seront sans événement majeur. Une accalmie sans drame ni énigme insoluble. Ce sera juste une activité professionnelle dense mais normale.

L'automne est arrivé, les feuilles ont tourné à l'ocre, à l'orangé, presque au rouge parfois, comme si la nature s'était enflammée avant de s'endormir pour l'hiver.

Je continue de circuler à vélo. Lors de ces allers et retours entre l'hôpital et mon domicile, toujours propices à l'introspection, je me demande souvent ce que je vais devenir. Toute une vie à douter, à avancer à tâtons sans certitude et à essayer de faire le bien. C'est lors de ces quelques kilomètres durant lesquels je me dégourdis les jambes que me revient souvent à l'esprit mon passé…

Justement, ça m'a pris très tôt cette envie de faire le bien, d'avoir une vie qui en valait la peine et un rôle déterminant dans celle des autres. Dès mon plus jeune âge, je n'avais pas plus de 6 ou 7 ans lorsque je répétais à mes parents : « Quand je serai grand, je serai médecin… » à ma grande déception, non seulement ils ne m'ont pas encouragé dans cette orientation, mais ils me l'ont déconseillée. À cause d'un amour probablement disproportionné, ils redoutaient que l'âpreté de l'étude ne m'abîme. Ils n'ont même jamais commenté mon carnet scolaire lorsqu'il était mauvais, ce qui m'a offert des années d'insouciance, et je les en remercie encore aujourd'hui. « Trop dur, trop lourd pour ce petit être fragile », me confiaient-ils. Loin de me résigner, cet horizon presque interdit fut à l'origine de mes rêves d'enfant. C'est donc d'une manière totalement involontaire et paradoxale que mes parents ont eu une influence déterminante sur ce que je suis devenu à l'âge adulte. Et plus tard, lorsque j'ai commencé les études de médecine, tout ce qu'ils ont montré était de l'inquiétude pour mon avenir. En réaction, intrépide, j'évitais de penser aux périls que j'allais rencontrer. J'avais de très bons parents.

Disparus, emportés loin de moi, je continue de penser à eux régulièrement et de me remémorer tant de souvenirs.

Novembre, décembre 2019. Il fait froid très tôt cette année et c'est une joie d'apprendre que la neige recouvre déjà les montagnes. Pas besoin de gants à vélo, je suis juste bien couvert lorsque je quitte mon domicile chaque matin et je roule, je roule. J'aime bien l'hiver et même si le ciel est gris, cela n'entame aucunement mon moral. Mon humeur reste constante. Lorsque l'adversité me cerne de toutes parts, je ploie sous la souffrance et ne romps pas. Il m'a fallu de nombreuses années pour découvrir que mes parents se sont trompés : je ne suis pas fragile.

Lors de ces jours d'hiver 2019, confortablement installé dans mes certitudes sur ma capacité d'affronter le gros temps, je suis loin d'imaginer quelle surprise me réserve le destin. On devrait toujours se méfier de l'avenir lorsque tout semble aller plutôt bien.

Au début, on n'a vraiment rien vu venir. On vivait dans l'insouciance. Novembre, décembre, janvier, on entendait juste un grondement au loin, très loin. Et lorsque des amis de Pékin m'ont parlé du martyre chinois et de notre indifférence à l'Ouest pour la tragédie qui se passait là-bas, il faut l'admettre, mes pensées se sont résumées à ceci :

« Cette épidémie ne nous concerne pas. La Chine est de l'autre côté du globe. Combien de fois avons-nous entendu parler de cataclysmes qui nous semblaient d'autant plus irréels qu'il ne se passait rien dans notre Hexagone. »

Lors des vingt dernières années, des épidémies ont sévi à Hong Kong, au Moyen-Orient, au Mexique sans atteindre l'Europe. Nous nous sommes crus intouchables. Probablement à cause de Pasteur, nous étions convaincus d'être invulnérables ou presque. La peste, la variole, la grippe espagnole ne représentent que quelques lignes dans les livres d'histoire. Le corps enseignant n'a pas jugé nécessaire de s'y appesantir. Ce sont les réalisateurs de films catastrophe qui se sont chargés de mettre en scène les épidémies, la fin du monde et autres invasions d'extraterrestres. Jusqu'en février, nous n'avions pas conscience de notre bonheur. Notre bonheur ? Quel bonheur ? En janvier 2020, nous venions d'essuyer les Gilets jaunes, les grèves contre les lois sur les retraites. On nous disait que la France était en crise pour la énième fois et de plus en plus d'électeurs gonflaient les effectifs du Rassemblement national. Nous ne savions pas, mais alors absolument pas, que nous vivions nos derniers jours de liberté.

On est courant février. Il n'y a pas vraiment d'actualité et au journal de 13 heures, Jean-Pierre Pernaut nous bassine avec ses rubriques sur la France profonde. Quelques jours passent et on nous parle de l'Italie qui aurait quelques cas de Covid. À Milan se déroule un salon de la mode qui attire des visiteurs du monde entier. Les pouvoirs publics, en France, ne manquent pas de faire des annonces rassurantes dans le genre : « Dormez bien, braves gens, tout va bien. Vos élus veillent sur vous. »

Et nombreux sont ceux qui les croient. Le corps médical sait que l'on maîtrise mal les virus mais à cette époque, pour de nombreux médecins, le terme « corona » évoque plutôt une marque de bière. Les autorités affichent toujours cette même impertinence : « Nous vaincrons car nous sommes les plus forts. » Cela aurait dû nous rappeler le passé, mais tout le monde continue de vivre dans l'insouciance. Normal, Ebola ou un virus analogue ne s'aviseraient pas de remonter jusque chez nous.

Cela prête à sourire. Et même lorsque l'on dépiste quelques cas de Covid dans les Alpes, puis dans l'Oise, on nous informe que la maladie sera rapidement muselée.

27

La vague est haute, très haute ; nous avons à peine eu le temps de l'apercevoir qu'elle nous a submergés, engloutis. C'est un raz-de-marée qui s'est amené en silence. Pas de cris de désespoir, pas de manifestations. Les revendications syndicales ont été remises à plus tard. Un état de sidération s'installe en France lorsqu'Emmanuel Macron nous annonce qu'il a décidé de nous confiner alors que deux mois plus tôt, on avait considéré que la même décision prise par le Président chinois était de la tyrannie.

Un matin, je discute sur WeChat avec l'un de mes amis chinois de Pékin. Il m'explique son confinement. Comme les Chinois sont indisciplinés, me dit-il, afin que les règles émises par le pouvoir central soient respectées à la lettre, la police et l'armée sont chargées de les faire appliquer sans ménagement.

Il m'envoie en pièce jointe des interviews de médecins ayant reçu les premiers patients atteints du Covid aux urgences de l'hôpital de Wuhan. Un document interdit, inédit en Europe et qui va m'annoncer ce que nous allons devoir affronter. Ces deux jeunes médecins d'une trentaine d'années et leur chef de service, la cinquantaine, sont morts. Leur témoignage est déchirant. Au début, ils croient à une épidémie de pneumopathie saisonnière et ne sont pas vraiment inquiets. Puis, le mouvement s'amplifie. De plus en plus de malades s'agglutinent aux urgences. Ils ont tous la même chose : le Covid. Malgré des cocktails d'antibiotiques et des traitements symptomatiques, la plupart des cas s'aggravent et un bon nombre de patients sont transférés en réanimation. Fin novembre, ces mêmes médecins vont alerter les autorités locales : il se passe un phénomène anormal. Ne se doutant pas du cataclysme qui s'abat sur la ville, ces dernières les sanctionnent pour des informations tapageuses qui ne pourraient qu'effrayer la population et faire une mauvaise publicité à la province de Wuhan. Quelques jours plus tard, ces trois éclaireurs ont de la fièvre et vont payer très cher leur rencontre avec le virus. L'un après l'autre, dans un climat de panique totale, pris à ce piège implacable, ils meurent. C'est ainsi que commence le martyre de Wuhan.

Confortablement installé à ma fenêtre, en regardant les branches des marronniers, je m'aperçois que de gros bourgeons ont donné naissance à des feuilles d'un vert tout neuf et j'ai froid dans le dos en réalisant brutalement que notre tour est venu d'être frappés par cette maladie inconnue et létale. Comme la plupart des médecins, je me retrouve en première ligne, sans arme, à mains nues, alors que je me croyais fort avec notre science, nos prix Nobel et notre espérance de vie qui ne cessait de s'allonger depuis tant d'années.

Il faut se rendre à l'évidence, Emmanuel Macron a raison, la troisième guerre mondiale a commencé. On n'aurait jamais imaginé que cela prenne une telle tournure. Les terroristes du monde entier doivent se dire qu'ils manquent d'envergure avec leurs attentats suicide, leurs innocents égorgés dans les églises et leurs kalachnikovs au Bataclan. Cette fois, on est dans un mouvement d'une bien plus grande ampleur.

28

Sur le moment, je suis accablé. Je me demande lequel d'entre nous va mourir dans ma famille. Je me remémore les hécatombes de la grippe espagnole, de la variole, la peste. Des millions de morts. La terreur ancestrale des épidémies mortelles me prend à la gorge.

J'aurais pu expédier ma femme dans le Cantal où nous avons un point de chute. Un endroit très isolé et donc parfait pour se confiner. Puis on a réfléchi avec Dominique. Je resterai à Paris, en famille. Pas question de nous séparer. Il aura fallu un événement aussi grave pour répondre à la question essentielle : nous sommes une famille unie. Dominique m'a posé la question :

— Tu abandonnerais l'hôpital pour venir te réfugier avec nous au milieu des vaches et des montagnes ?

Et j'ai répondu :

— Dois-je rester ou partir pour les plus longues vacances que je n'ai jamais eues. L'idée est séduisante mais je me sentirais trop mal, ce serait lâche d'avoir déserté.

Elle n'a pas tergiversé, elle ne m'a pas menacé, bien au contraire.

— Quoi que tu décides, je reste dans le bateau à tes côtés.

Je suis impressionné par sa réaction. Elle qui n'aime pas les grands discours résume la situation.

— Qu'adviendrait-il si tu tombais malade ? L'idée de t'avoir abandonné et de ne plus jamais te revoir m'est insupportable. J'ai posé la question aux enfants. Ils considèrent que notre destin est lié et, à l'unanimité, nous préférons rester avec toi quoi qu'il arrive.

Nous avons expliqué à nos jeunes pousses que l'ennemi est partout et que même les sorties les plus banales sont dangereuses. Je ne sais pas si c'est le fait d'avoir un père médecin mais, très vite, ils sont devenus encore plus rigoureux que nous sur les questions de contagions et de maladies infectieuses.

Si l'hôpital est un lieu privilégié pour contracter le Covid, je suis prêt à me battre. Comment ferai-je ? À ce stade, je n'en sais rien. Et si je dois mourir ? Je me surprends à constater que je n'ai jamais envisagé sérieusement la question. Et encore moins que cela finisse si tôt.

Ça me force à faire le point. Dans la mort, certains redoutent le passage car ils ont peur de souffrir… Pas moi, car je sais comment cela se passe. Je m'y suis accoutumé. J'y ai assisté assez souvent pour en connaître le fonctionnement et je sais comment les médecins peuvent atténuer les souffrances.

D'autres redoutent ce qu'il y a après… Pas moi non plus car ma culture scientifique et ma connaissance de l'organisme humain m'ont amené à conclure qu'après le dernier soupir, il n'y a rien. Mais moins que rien. Car ce rien, c'est encore quelque chose. Alors, si je dois partir, ce qui me fera le plus souffrir, c'est le regret de ne pas continuer le voyage, de ne plus voir, plus entendre, sentir, réfléchir, aimer, de ne plus être auprès des miens. Et de conclure que j'ai un amour inconditionnel pour la vie.

Les jours passent. Je ne suis pas serein et le soir, au moment de m'endormir, j'éprouve une curieuse sensation en fermant les yeux. Il faut affronter les ténèbres. Serai-je encore là demain ? Je me retourne à droite, à gauche dans le lit et le sommeil, finalement, m'enlève vers l'oubli, un territoire où il n'y a pas de Covid. Dominique, elle, trouve que je suis agité.

Comme un détenu, je fais des barres sur l'intérieur de la porte du placard de ma cuisine. Après chaque semaine, je trace un trait en diagonale. La liberté paraît si loin, au bout d'un tunnel dont on ne distingue pas la sortie. L'inquiétude a le poids d'une enclume qui a envahi la terre entière, il suffit de regarder les chaînes d'information. On ne parle plus que de ça. De mon côté, je passe des heures à réfléchir à ce que je dois faire car nous ne recevons pas la moindre indication ni le moindre accompagnement de la part des autorités ministérielles de tutelle. Logique, ils doivent être aussi déconcertés que nous. Chaque jour, je me rends à l'hôpital pour rien. Il est vide. Les patients l'ont déserté. Beaucoup de médecins sont absents et ceux qui sont présents sont en roue libre. Alors on discute et parmi eux, un collègue va m'apporter un grand soutien.

C'est un médecin militaire. Il n'est ni grand ni petit et n'a pas le physique de James Bond. Rien dans son apparence ne laisse supposer que c'est un héros. Mais lorsqu'il raconte : « Quand les balles s'abattent sur un blindé dans lequel tu te trouves, et qu'on te donne l'ordre de sortir à découvert, à ce moment-là, si tu te mets à réfléchir, tu ne sortiras pas… Et il vaudra mieux te faire muter dans un service administratif », ses paroles me remettent les idées en place et il continue :

— J'ai traversé Ebola et c'était autre chose. 50 % de décès. Alors, le corona, c'est une épreuve mais on relativise.

Il énumère avec simplicité comment les militaires se protègent de la contagion en Afrique subsaharienne. Mais ils ont un commandement. Pas nous, plus nous. Après l'avoir écouté, je sais ce qu'il me reste à faire. Il faut s'y résoudre, chacun est livré à lui-même. On doit se débrouiller.

— Nous sommes tous des soldats égarés, des soldats sans armée dans la débâcle. En rentrant chez moi, je suis de très mauvaise humeur après les déclarations sur l'inutilité des masques. Cette incurie n'est pas un monopole national. Presque au même moment, la ministre de la Santé belge s'exprime à la radio.

Elle présente ses excuses à la population avec une franchise admirable et regrette d'avoir « oublié » de passer sa commande annuelle de masques pour le royaume de Belgique, trois mois plus tôt.

L'hiver a été clément et le printemps est très en avance. Pas de pluie, le ciel est bleu sans le moindre signe de pollution à l'horizon. Il fait anormalement doux et les prévisions de Météo France nous annoncent des températures nettement supérieures aux moyennes saisonnières alors que l'orage gronde et que des nuages noirs s'accumulent dans nos têtes. En contemplant les arbres qui se couvrent de feuilles, je rumine sur mon balcon. Je me sens en sécurité sur ce perchoir, à une distance respectable du virus, mais je sais que dès que j'aurai mis un pied dehors, il suffira d'un contact, d'un presque rien auquel d'habitude je n'aurais pas fait attention pour tomber gravement malade. Ça paraît incongru, un mauvais rêve pour un praticien habitué à maîtriser les infections avec une telle efficacité qu'il avait fini par se sentir invincible. Ça peut paraître prétentieux mais on en était à peu près là, avant la pandémie. Et soudain, d'une ère moderne, efficace et sûre d'elle, on se retrouve au Moyen Âge.

Je parle tout seul sur mon balcon lorsqu'un son m'avertit d'un message WeChat sur mon téléphone. Mon ami chinois m'informe d'une curieuse histoire dans son pays. Elle remonte à quelques mois, d'après lui. Dans un laboratoire de Wuhan, un groupe de recherche sur le corona souhaitait se procurer un virus sauvage et particulièrement agressif. Or, dans cette même province et dans une zone reculée, on leur avait indiqué des grottes très peu fréquentées par l'homme qui abritaient des chauves-souris, animal connu comme vecteur du corona. Une expédition en aurait prélevé quelques spécimens et les aurait ramenés au laboratoire. Une fois les virus récupérés, les cadavres des animaux auraient été jetés aux ordures mais deux stagiaires de ce même laboratoire les auraient récupérés pour les revendre sur le marché de Wuhan et se faire de l'argent de poche. Les Chinois étant amateurs de chauves-souris, comme nous de grenouilles et d'escargots, c'est ainsi (d'après cet informateur) que l'épidémie aurait commencé. On évoquait les pires théories complotistes et le destin, toujours lui, en aurait décidé autrement si cette version est exacte. Difficile à croire. Vautré sur le canapé de mon salon, je hoche la tête.

Il fait vraiment bon ce matin et je n'ai pas de fièvre. Je respire à pleins poumons et décide de m'imposer une discipline de fer en commençant par interdire l'accès à mon domicile à tout visiteur, même à ma femme de ménage.

Décidément, ces premiers jours de confinement me laissent un souvenir assez spécial. Je suis perturbé au point de me demander si je dois continuer d'exercer la médecine. Une question que je ne me suis jamais posée. Ayant dépassé la cinquantaine, je suis un sujet à risque mais ne peux m'empêcher de me répéter que cet argument n'est rien d'autre que de la lâcheté. Je ne suis pas un héros ni une tête brûlée qui se jette à corps perdu dans le danger, mais je retournerai le jour même à l'hôpital quoi qu'il m'en coûte.

Tous les malades « classiques » sont allés se terrer quelque part. On ne les reverra plus. Pendant près de deux semaines les lieux sont déserts. Les équipes doivent se réorganiser pour accueillir des Covid. Mais à ce stade on ne sait pas le faire, on n'a pas le matériel et se protéger contre ce virus inconnu relève de l'improvisation. Après des jours de préparation dans le service qui sera dédié au corona, le feu vert est finalement donné, on admet des malades et rapidement nos capacités d'accueil sont débordées. Chaque matin, en chemin sur mon vélo, me revient à l'esprit la même ritournelle : « Quand vais-je être infecté par un de ces malheureux ? Quand ? Aujourd'hui, demain ? »

29

Lorsqu'il n'y a pas de pandémie, il n'est déjà pas facile pour les médecins de porter la souffrance humaine. Lorsqu'ils découvrent qu'ils peuvent, eux aussi, devenir des malades, voire mourir, leur niveau de stress monte d'un cran. C'est pour cette raison qu'un certain nombre de soignants observent un droit de retrait.

On se parle au téléphone avec des collègues. Certaines phrases résonneront longtemps dans ma mémoire.

« Au stade où j'en suis de ma carrière, je ne peux pas prendre de risques. »

« Tu comprends, je ne veux pas mourir, alors je reste chez moi. »

En effet, ils se sont calfeutrés chez eux et personne ne les réprouve. Mieux, on respecte leur décision. En 2020, on n'inflige plus aucune peine aux déserteurs. Il n'y a pas de cour martiale ni de peloton d'exécution. Même pas de mépris. Quant à ceux qui continuent invariablement de prendre le chemin de l'hôpital, c'est une armée silencieuse qui se met en ordre de bataille et ils ne sont pas nombreux. Longtemps, je me souviendrai du visage de ces infirmières, jeunes femmes, souvent jeunes mamans, qui resteront à leur poste dans les heures les plus sombres. Mieux encore, elles afficheront un beau sourire, celui de leur jeunesse, alors que, chaque jour, on verra sortir du service des corps recouverts d'un drap blanc.

J'apprends par les médias que je ne dois pas effectuer de consultations à domicile et même éviter de recevoir des patients à mon bureau.

« Faites de la télémédecine et donnez-leur le plus souvent possible du paracétamol. »

Je suis pétrifié. Ainsi, une épidémie mortelle doit se traiter avec du paracétamol ? Sommes-nous impuissants à ce point ?

Dans un cabinet vide où plus personne n'ose venir, les pieds sur le bureau, je réponds au téléphone à des malades qui ont de la fièvre et je ne sais pas quoi leur dire. C'est la débandade. À la télévision, on donne des instructions : maintenir les souffrants le plus longtemps possible à leur domicile car les queues sont interminables aux services d'urgence. Chaque jour, les citoyens français entendent le directeur général de la Santé scander le nombre de morts. Sous prétexte d'informer, cette comptabilité macabre est censée convaincre de rester chez soi. Cinq cents, six cents morts chaque soir. Si au début ça nous terrorise, au fil des jours, on s'y habitue et on se réjouit lorsqu'on nous annonce cent morts de moins. Et presque tous les pays du monde sont concernés.

Je circule en voiture dans un Paris désert. Lorsque des policiers m'interpellent, le contrôle se transforme en consultation. Ils m'informent qu'ils n'osent plus interpeller personne et qu'ils ne comprennent pas pourquoi on leur interdit de porter un masque. Je repars sous un soleil radieux en laissant ces hommes en uniforme broyer du noir. Sur France Inter un ancien ministre de la Santé martèle que le Covid n'est qu'une grippe un peu plus forte que les autres et qu'il ne faut pas s'alarmer. Apparemment, il n'est pas allé sur le terrain. Un peu plus tard s'élève une fois de plus la voix du Premier ministre, Édouard Philippe, qui nous confirme l'inutilité des masques.

— De toute façon, on n'en trouve pas, me dit ma concierge.

C'est elle qui a raison. J'enrage. Qu'est-ce qui ferait tomber un gouvernement : avouer qu'il n'a pas prévu, qu'il a été négligent ou qu'il ment effrontément ? Les trois ?

Ainsi, en mars 2020, il n'y a ni traitements ni tests. Le discours des autorités est : surveillance de la température, confinement et tout devrait s'arranger. Il n'y a que les réanimateurs qui luttent vraiment contre le Covid mais, malgré leurs efforts, ils obtiennent des résultats très décevants.

On nous répète que ce sont essentiellement des vieux qui partent « plus tôt que prévu » et que, de toute façon, ils n'en avaient plus pour longtemps à vivre. Ainsi donc, selon les autorités, pour un vieillard, le temps qui lui reste à vivre est une quantité négligeable. Plus il se rapproche de la fin et moins sa vie a de la valeur. À partir de l'instant où l'on a pris la décision des soins palliatifs, c'est une condamnation et la mort, au bout du chemin, est attendue comme une formalité.

Un jour, j'ai surpris un collègue responsable dans un service de gérontologie parisien. Il s'adressait ainsi à un pensionnaire dont la santé était chancelante : « Alors Monsieur T., où préférez-vous mourir ? Ici ou chez vous ? Il faut nous le dire rapidement pour qu'on s'organise… » Le vieil homme qui avait toute sa tête l'avait dévisagé avec effroi et avait répondu : « Rien ne presse… »

Décidément les vieux sont un non-sujet : au plus fort de l'épidémie, dans les médias, on nous a annoncé à plusieurs reprises qu'on avait égaré les chiffres des morts du jour dans les Ehpad. Simple erreur sans conséquence puisque, de toute façon, ces pensionnaires sont morts et bien morts.

Lorsque j'aborde l'avenue qui borde l'hôpital, au niveau des urgences, sur le trottoir, il y a la queue comme devant certains magasins pendant les soldes. De mon vélo, cycliste anonyme, j'assiste au défilé de toutes sortes d'individus, des vieux et des moins vieux qui hier ne pensaient pas partir si vite. Certains sont récusés : ils rentreront chez eux et ne gonfleront pas les statistiques du ministère de la Santé. D'autres seront hospitalisés car ils entrent dans les cases que l'on a définies à la hâte. J'ai envie de sauter de ma bicyclette, de les aider à cocher les bonnes cases et sauver ceux qui n'y ont pas droit. Quant à ceux qui sont éligibles, rien n'est réglé, bien au contraire : tout commence. Tels des pestiférés, on les isolera, plus question de croiser une figure humaine. Le personnel soignant est recouvert de la tête aux pieds. Il leur faudra passer des heures, des jours seuls, sur un fil et face à leur destin. Confisqués à leurs familles : le protocole Covid interdit les visites. Je les observe et ils ne disent rien, ils sont dignes malgré la peur mais tous pensent la même chose : s'ils meurent, ils ne pourront même pas dire adieu à ceux qu'ils aiment. Ce sont des mains étrangères qui fermeront leurs yeux.

Allez dans les cimetières et regardez ces tombes rutilantes. L'année 2020 restera un cru mémorable pour les entreprises de pompes funèbres.

30

On en a fait une règle absolue. Pour gérer la contagion, tous les patients doivent passer par les urgences. Et c'est comme cela dans tous les hôpitaux. Tous ont les mêmes signes : Covid. Aucune possibilité de circuler dans l'hôpital pour les visiteurs. L'espace des consultations que je fréquente depuis des années continue d'être déserté par les malades. Normalement, Pierre le psychiatre n'a plus rien à faire à l'hôpital et pourtant, je le croise souvent. Il doit probablement s'ennuyer chez lui.

On a dû l'oublier car la priorité est donnée aux virus et pas aux états d'âme. À chaque fois que je le vois, on s'arrête et on partage nos points de vue.

Pas question de parler de vacances, de voitures, de femmes cette fois. Toute idée d'évasion est exclue.

— On dirait que les malades mentaux ont eu la sagesse de rester chez eux et ça t'a mis au chômage technique !

— Plus personne n'ose venir à l'hôpital mais on fait du FaceTime. Je n'aurais jamais imaginé que cela puisse marcher. Ce n'est pas comme un entretien en face à face mais c'est mieux que le téléphone.

— Ça les travaille, le corona ?

— Pas comme j'aurais pu le craindre. Bien sûr, tout le monde va plus mal. Il y en a qui abandonnent leur traitement. Mais dans ma population d'anxieux pathologiques, un certain nombre semblent même manifester une curieuse indifférence, presque une insouciance face à la pandémie. La peur, la vraie, semble plutôt réservée aux sains d'esprit et on ne leur propose aucun soutien psychologique. Lorsqu'ils sont hospitalisés, isolés dans leur chambre avec leur détresse, leur solitude, on ne fait rien pour leur moral.

— C'est vrai, on s'occupe d'abord de leur survie. Quant au reste…

— Serais-tu prêt à rentrer dans les chambres et braver les risques ?

— On pourrait faire du FaceTime et, dans les cas les plus difficiles, s'il le faut, je m'y rendrai.

Un silence s'ensuit. Je me doute que ce ne sera pas si facile pour lui de monter en première ligne.

La proposition sera faite à tous mes patients hospitalisés et les réponses ne sont pas celles que j'attendais. Le plus souvent, c'est non. J'en ai même un qui m'a demandé : « Vous n'allez pas me proposer un prêtre non plus tant que vous y êtes ? »

Chacun lutte avec ses moyens et n'attend qu'une seule chose des médecins : un miracle.

Les jours suivants, je continue de croiser le psychiatre et chaque fois, nous reprenons nos conversations.

Un matin, en arrivant, je découvre le nom de Pierre sur le listing des entrées. Il est hospitalisé à l'étage Covid. Apprendre que l'un des nôtres est tombé suscite en moi une émotion particulière. De la compassion, mais aussi cette crainte lancinante qui nous poursuit tous puisque nous sommes des « cas contacts » à longueur de journée. Je monte aussitôt le voir.

Le secteur Covid est une zone sécurisée où l'on vous barre la route dès la sortie de l'ascenseur. Aucune personne extérieure n'est autorisée à y pénétrer. On a installé sur le palier des portants où sont disposées toutes les protections jetables nécessaires. Après les préparatifs, blouse américaine, charlotte, surchaussures, gants, masque, je déambule dans le couloir où je croise des soignants. On se regarde, on se dévisage et l'on a du mal à se reconnaître. Je conserve un bon souvenir de ce service. C'était celui où séjournait Françoise Berthier. Les infirmières y étaient sympathiques à part la surveillante. Depuis que cet étage a été converti aux patients Covid, chaque fois que j'y pénètre, j'ai l'impression d'entrer dans le pavillon des lépreux. Ici, le mal est à l'affût, prêt à nous tomber dessus à la moindre fausse manœuvre. Mais comme le dit mon collègue militaire, si tu réfléchis avant de sortir sous la mitraille, tu ne feras jamais rien. Alors, j'avance.

Lorsque j'entre dans la chambre de Pierre, je découvre un être défait, pas rasé. Il est sous oxygène et les mouvements laborieux de sa poitrine pour récupérer un peu d'air me font mauvaise impression. Oublié, le philosophe, l'élégant décontracté. Oublié le sujet à fière allure et en perpétuelle bonne santé que je croisais dans les couloirs. Pas de conversations sur le sens de la vie.

En voyant sa mine grise et son regard de chien abandonné, je comprends que Pierre s'inquiète pour son avenir. Il a dû se faire prendre au piège par une poignée de porte ou un bouton d'ascenseur. Je suis bouleversé mais ne laisse rien paraître et m'adresse à lui comme auparavant. Il n'est pas dupe de ma comédie. Pas moyen de tricher avec un collègue. De retour dans le bureau des médecins de l'étage, je me plonge sur son bilan. Il est mauvais. En commentaire, dans l'observation du jour, le responsable a inscrit que si son état empirait, on le transférerait le soir même en réanimation. Tout repose sur un traitement corticoïde, une procédure expérimentale controversée en cette fin mars 2020. De quoi avoir des frissons dans le dos.

31

Allongé sur mon canapé, perplexe et épuisé, j'assiste en rentrant à ces débats télévisés qui monopolisent l'attention de la France entière. J'en ai la nausée et si je veux m'évader jusque tard dans la nuit, il faut piocher dans le catalogue des films sur Netflix ou Canal+.

Chaque matin, au réveil, je savoure ma chance. Mes tempes sont fraîches mais pour combien de temps encore ? Quel sursis ? Vais-je me faire piéger comme Pierre ? Comment se terminera mon histoire, dans quelle chambre vais-je suffoquer, quelle infirmière assistera à ma déchéance, voire me fermera les yeux ?

Une angoisse sourde m'assiège. La visibilité est nulle. On a beau se dire que toutes les épidémies finissent par s'épuiser, début avril, la peur est partout sous une forme endémique. Et pourtant, il n'y a pas de désordre social majeur, pas de pillages, les rayons des supermarchés sont juste dévalisés de pâtes, de riz et même de papier hygiénique. Après quelques perturbations, l'approvisionnement se normalise. Les gens sont terrés chez eux et attendent que le grain passe.

Lorsque je rentre chez moi, mes chaussures sont laissées sur le palier et je me déshabille intégralement. Puis je me douche, me frotte au savon et me nettoie à l'alcool. Après cette désinfection, je me sens à peu près en sécurité. En temps normal, si j'avais croisé un patient effectuant ce même rite, je l'aurais diagnostiqué obsessionnel compulsif, un zinzin qui tente de se débarrasser d'une souillure aussi invisible qu'imaginaire. Maintenant, c'est moi que je surprends au lavabo ou me frottant sans cesse avec une lingette désinfectante. Nous vivons au jour le jour. Il n'y a plus de frontière entre les médecins et les malades. Cette fois, nous sommes tous dans le même camp.

Ce matin, l'état de Pierre est stationnaire. On ne l'a pas transféré en réanimation. Pas mieux, mais surtout pas pire. On disserte dans le couloir devant sa chambre. C'est d'une audace, ces corticoïdes sur une infection virale inconnue ! On nous a mis en garde. Il y aurait eu des accidents mais nous n'avons pas le choix. Les médecins essaient tout : l'Ivermectine, les anticorps monoclonaux, les antiviraux du sida, c'est une course effrénée puisque l'on doit prendre en charge des gens qu'on ne sait pas traiter. On gère à vue et on essaie de comprendre. On avance à tâtons et les premiers patients en réanimation paient cher le prix de nos balbutiements.

Pierre a du diabète et il nous le cachait. Probablement une forme de pudeur pour nous présenter une façade sans faille. Ça me déçoit un peu, ce personnage qui dissimule ses faiblesses. Et moi qui pensais bien le connaître. J'interroge le réanimateur.

— Avec ce diabète, il est délicat de lui administrer des corticoïdes.

— Tu rigoles, on va passer à l'arrache avec de fortes doses d'insuline. De toute façon, on n'a pas le choix. S'il meurt du Covid, ce diabète n'aura plus de réelle importance. Alors on continue et on s'accroche.

Chaque matin, je vais voir Pierre. Je ne suis pas sa seule visite amicale. D'autres collègues viennent l'encourager. Mais pas la famille, c'est la règle. Parfois il divague, parfois il est là. Toujours très essoufflé, il n'est même pas capable d'aller jusqu'à la salle de bains. Sa femme appelle pour avoir des nouvelles. Une curieuse personne, cette épouse de psychiatre. Il n'en parle jamais.

Les vingt-quatre heures qui vont suivre sont décisives et cela nous donne l'impression de faire du surplace. Mais elles s'écoulent à notre insu et le lendemain matin, je retrouve Pierre qui est encore sur le listing des patients hospitalisés en médecine. Toujours pas de transfert en réanimation ni de la morgue. Je souris sans crier victoire car on a l'habitude des revers. Quant à lui, il s'accroche. Après dix jours de combat, on finit par laisser sortir de l'hôpital un homme amaigri et épuisé à chaque pas. Plus tard, bien après sa sortie, un soir, Pierre m'a dit en confidence :

— J'en avais tellement marre, j'étais tellement mal qu'un jour j'ai eu envie d'enjamber la fenêtre. Et si je ne l'ai pas fait, c'est parce que je n'en ai pas eu la force.

****

Courant avril, l'hôpital déborde.

La queue s'éternise sur le boulevard et, malgré les jours qui passent, il n'y a pas de place pour tout le monde. Toujours un problème de choix basés sur l'âge bien sûr, mais aussi sur les chances de survie. Décisions subjectives. Les médecins, sans avouer leur dilemme, enchaînent les sentences difficiles. On travaille à la chaîne. L'évolution est imprévisible. Pour certains patients, tout ira bien et ils rentreront rapidement chez eux mais pour d'autres... Je continue de faire resquiller presque tous ceux que je croise. Ce qui irrite un certain nombre de soignants lorsqu'ils s'en aperçoivent. Quant à ceux qui sont hospitalisés, ils ne savent pas encore dans quelle spirale infernale ils se trouvent. Si leur état s'aggrave et qu'ils aboutissent en réanimation, c'est un désastre. En mars-avril 2020, on y décompte jusqu'à 60 % de décès.

32

Ce matin, c'est lundi de Pâques et je parle au téléphone avec un de mes meilleurs amis. Cela fait près d'une semaine qu'il tousse avec un peu de fièvre. Je l'ai mis en garde parce qu'il a de l'asthme, mais c'est un adepte de Montaigne qui considérait la fréquentation des médecins dangereuse et annonciatrice de mauvaises nouvelles… J'ai beau lui répéter qu'on est au XXIe siècle, il garde toujours une réticence.

Paul vient de prendre sa retraite à 60 ans. Il est en forme, il a élevé ses enfants et pense avoir de belles années devant lui. Inutile de les gâcher avec des contraintes et un poste dans une entreprise. Il s'est installé à la campagne et semble y couler des jours heureux. Il me parle régulièrement de ses voyages et de tout ce qu'il n'a pas eu le temps de faire quand il était en activité. Son slogan : « Et maintenant ce sont les grandes vacances ! » Je l'admire. Au même âge, je ne suis pas certain d'avoir sa philosophie. Il faut avoir atteint un sacré détachement pour admettre que la retraite se résume à voyager et à la tondeuse autoportée dans sa maison de campagne.

Il est près de 23 heures et je suis en train de me coucher lorsqu'un appel de sa femme me sort de ma léthargie.

— Paul étouffe, il est assis au bord du lit et a beaucoup de mal à respirer.

— Appelez le 15 !

— Je viens de le faire, ils n'ont pas de disponibilités d'ici deux heures et il ne tiendra pas.

— Faites le 18 !

— Je les ai contactés aussi, ils ne peuvent envoyer personne. Ils sont débordés. Vous savez, ici, ce n'est pas Paris, nous sommes dans un petit village.

Sur le moment, mon cerveau est engourdi. J'étais prêt à m'endormir. Il se passe quelques secondes et soudain, je réagis. C'est à moi de lui porter secours s'il n'y a personne pour le faire. Je ne vais pas laisser mourir un type sous prétexte que c'est un jour férié et que les secours sont submergés. Je saute dans mon pantalon et enfile mes vêtements à la hâte. Je suis déjà allé chez lui, c'est à quarante-cinq kilomètres de Paris, dans le Vexin. Ma voiture démarre en trombe pendant que je rappelle sa femme.

— Véronique, j'arrive dans trente minutes maximum.

— Oh !! Merci, je suis très inquiète. Il n'a jamais été aussi mal.

— Je fonce !

En ces temps de confinement et à cette heure tardive, il n'y a personne sur l'A86. J'accélère puis franchis à toute allure le pont de Gennevilliers. Ensuite, c'est de la ligne droite jusqu'après Pontoise. Je confonds l'A15 avec un circuit automobile et croise un radar aux alentours de 200 km/h. Le flash me fait sursauter de colère et je m'en veux de cet excès de vitesse qui signifie que je n'arrive pas à garder la tête froide. Une inquiétude tenace me fait écraser l'accélérateur. Je suis parti sans aucun matériel et à mains nues. C'est une équipée déraisonnable. Aux deux tiers du chemin, j'appelle les urgences de l'hôpital et tombe sur l'interne.

— Salut, c'est Vlaminck.

Je lui explique la situation.

— Je serai aux urgences dans trente minutes. Il faut te tenir prêt, je connais ce patient. Il ne va pas bien et j'ai un mauvais pressentiment.

— OK, je bloque une salle.

J'aborde la bretelle pour sortir de l'autoroute. Plus que trois kilomètres lorsque sa femme me rappelle.

— Faites vite, il va très mal, je crois que c'est la fin.

— Je serai là dans environ deux minutes, ouvrez le portail et je l'embarque.

Survolté, excité, je termine ma course dans son jardin. Véronique a tiré son mari jusqu'à la porte de leur maison. Il est assis sur une chaise et son halètement résonne dans la nuit. Probablement encore le Covid. Ça y est, je suis « cas contact ». Tant pis pour moi. Pas besoin de se concerter, tout se passe en quelques secondes. Nous portons Paul sur la banquette arrière. Il est livide et ne dit pas un mot. Va-t-il tenir jusqu'à l'hôpital ? J'en doute et j'enrage de ne pas avoir une bouteille d'oxygène. Le temps semble s'être accéléré, rétréci, au milieu de cet état critique où je dois nous glisser vers un salut qui semble hypothétique.

Installé au volant, je me retourne vers Paul et il me regarde vaguement, les yeux mi-clos.

— Courage Paul. Tu vas tenir le coup et nous serons très bientôt à l'hôpital.

Je m'élance sur l'A15 qui est absolument déserte. Comme je l'ai promis, j'irai encore plus vite. Pas besoin de regarder dans le rétroviseur pour connaître son état, j'entends les râles qui me confirment que Paul est vivant et je n'ai besoin de rien d'autre. Mon véhicule est devenu un bolide. Son comportement est irréprochable dans les courbes que je négocie avec précision. Paul continue de râler à l'arrière. Nous traversons le pont de Gennevilliers. Je trépigne d'excitation. Si j'arrive à atteindre le périphérique et entrer dans Paris, nous aurons gagné.

Mais les choses se gâtent tout près de l'hôpital. Soudain, je réalise que je n'entends plus Paul. Il s'est affaissé sur l'accoudoir, probablement sans connaissance. C'est ce que je préfère me dire. Pas question de m'arrêter pour voir, je continue à toute vitesse jusqu'à notre destination.

L'interne nous attend sur le parking des urgences. Je bondis de la voiture. Pas de pouls, plus aucune réaction. On masse Paul à même le bitume. En pleine nuit, un petit attroupement de blouses blanches s'affairent pour rien sous les lampadaires. Après de longs instants, tous se lèvent, résignés, et mettent Paul sur une civière. Ils le recouvrent d'un drap blanc.

Échec et mat.

En rentrant, je n'ai pas la force d'appeler Véronique. Je vais trop mal. Je sillonne Paris la fenêtre grande ouverte, incapable non plus de retourner chez moi. Plus tard, dans la nuit, je finis par rentrer et me faufile dans l'appartement. Tout le monde dort. Je m'enferme dans mon bureau pour téléphoner à la femme de Paul. Encore une qui se souviendra longtemps de l'aurore blême. Et moi, c'est certain, je ne vais pas dormir. Alors je croque un somnifère en espérant qu'il agisse, et vite. Allongé sur le lit, j'attends le néant et il vient. Rideau.

J'aurais voulu ne pas me réveiller, ou alors bien plus tard. Le jour s'est levé depuis longtemps, il est 10 heures et mon cerveau est encore englué par le sédatif. Je reprends conscience. Au moins, je ne souffrais pas pendant mon sommeil parce qu'au réveil la réalité est un vrai cauchemar. J'ai trop honte. Et pourtant, je dois aller travailler. Lorsque j'ouvre la portière de ma voiture, ça sent la mort. Une bouffée d'un air souillé de la veille me replonge dans l'horreur. Plus rien ne sera comme avant. Paul est parti.

Je n'arrive pas à y croire. Il faut continuer de vivre. Je ne suis pas certain d'aimer cette vie-là. Ce n'est plus la mienne, c'est autre chose. Il faut remettre son masque, pas celui contre le Covid mais celui de la constance dans l'épreuve, et ne rien laisser paraître. Quelques instants plus tard, ma mine doit être très grise et je me retrouve avec les collègues. Sans état d'âme apparent, ils continuent la valse avec tous ces gens en réanimation, endormis, intubés-ventilés, qu'il faut manipuler toutes les deux heures avec cinq, voire six soignants. On est loin de l'époque de Madame Berthier. C'était « le bon vieux temps ». Aujourd'hui les soignants sont comme des automates, épuisés physiquement lorsqu'ils manipulent des corps vivants et épuisés moralement lorsqu'ils évacuent des morts. Tout se passe sans agitation ni fébrilité et, il faut le reconnaître, dans la dignité. Trop de morts, trop souvent. Comme s'il y avait une limite, un nombre de décès acceptables pour chaque conscience et que, ce chiffre dépassé, chacun était submergé dans sa capacité de supporter le malheur. Après de telles journées, quand on rentre, les applaudissements à 20 heures des gens postés à leur fenêtre me semblent dérisoires. Ça ne leur coûte pas cher, tous ces bravos. Que ceux qui applaudissent ne se sentent pas quittes avec ce geste. Et que l'on ne s'avise pas de nous dire « c'est votre métier, vous l'avez choisi et vous êtes fait pour cela ».

Personne n'est fait pour cela.

33

Dans des temps anciens, à l'époque de Louis Pasteur et d'Ignace Semmelweis, les médecins étaient souvent contaminés par leurs malades et, s'ils en mouraient, on donnait leur nom à une salle. Grâce à Fleming et à une médecine moderne, depuis près d'un siècle, nous sommes là pour diagnostiquer, traiter et redonner de l'espoir. Pas pour mourir. Et l'on a vécu ainsi, pendant plusieurs générations. Mais aujourd'hui, c'est la parano totale. Ce brutal rappel à l'ordre a des relents de peste sauf qu'on ne jette plus les corps sur la voie publique. Des soignants sont contaminés à leur poste de travail et certains meurent dans l'indifférence générale. Quelle réaction ont les autorités lorsqu'un médecin ou n'importe quel soignant contracte le Covid auprès d'un malade ? Pas la moindre attention, pas de ministre aux obsèques ni d'oraison funèbre. Ce ne sont que des héros partis seuls, en silence et dans l'oubli de la République.

Nos seuls avantages pendant ce confinement sont dérisoires : lorsque je me fais arrêter par la police, je le répète, j'ai la surprise d'être considéré avec respect par les gardiens de la paix. Avant, ils nous traitaient comme des chiens.

Ah, j'oubliais, on nous donne la priorité dans les queues au Monoprix et à la Poste, mais le décret est uniquement valable pendant la durée de l'épidémie.

34

Les barres se multiplient sur la porte du placard de ma cuisine… Chaque matin, c'est devenu un rite, je me touche le front : pas de fièvre. À l'hôpital, l'afflux de malades est toujours le même, il ne se tarit pas. Il règne une ambiance particulière dans les rues. Il faut une attestation (assez bidon) pour aller faire ses courses ou promener son chien. Tout est fermé, nos cheveux poussent, pas de bistrot, pas intérêt à devoir changer de chaussures ou de s'acheter un pantalon. La vie sociale s'est mise en pause et les jours passent à un rythme lent et régulier. Les queues s'éternisent devant les hôpitaux et, pour les médecins, il n'y a aucun effort à fournir pour établir un diagnostic.

Je me souviens d'une époque pas si lointaine où j'envisageais avec un certain mépris les autorités soviétiques qui interdisaient l'hospitalisation des malades au-delà de 70 ans. Un procédé radical, inhumain mais très efficace pour gérer le coût de la santé publique. Ayant eu le privilège de naître au pays des Droits de l'Homme, je me suis longtemps enorgueilli de la qualité de la médecine française. Encore une illusion perdue. Il aura fallu que le vent se lève au-dessus de nos têtes pour que s'évanouissent nos grands principes. Aujourd'hui, de nombreux pensionnaires meurent dans les Ehpad sans que les soignants n'aient eu le temps de réagir. Ça va très vite. Le personnel ne tente même pas de les transférer dans les hôpitaux car ils y seraient récusés. Et la liste des morts s'allonge.

Toujours la même rengaine, lorsqu'on parle des vieux. D'un côté, tout est fait pour nous décourager de les hospitaliser (rien d'officiel, bien sûr), et de l'autre, il est difficile de regarder quelqu'un dans les yeux et de le récuser. Je n'y arrive pas et ça m'écœure, comme la majorité de mes collègues.

Chaque jour, au téléphone, j'apprends la disparition de deux ou trois personnes que je connaissais bien. Des innocents qui n'ont rien vu venir.

Le virus gagne presque à tous les coups, il nous envahit à une vitesse fulgurante, plus de soixante mille nouveaux cas par jour officiellement. Quant aux morts, ils continuent d'être énumérés sur un ton glacial par le directeur général de la Santé. C'est devenu une vedette de la télévision. Chaque soir, on dirait qu'il imite le procureur François Molins lors des événements du Bataclan en martelant ses chiffres macabres.

Les églises sont le théâtre incessant de cérémonies d'obsèques. Chaque fois que je passe à vélo devant un de ces lieux de culte, que j'aperçois le bout d'un cercueil, j'ai un pincement au cœur. Et je me pose la même question : quand viendra mon tour ou celui d'un des miens ?

Le corona a un succès mondial. L'espèce humaine est, pour lui, un excellent terrain de jeu. Nos systèmes immunitaires sont vierges et sans défense. On fait tout ce que l'on peut pour combattre le virus mais nous n'avons pas d'armes et, à ce stade, au printemps 2020, on n'imagine même pas la possibilité d'un vaccin. Les tests de dépistage ne sont pas encore sur le marché.

★★★★

Isolé, calfeutré dans le cabinet médical. La porte est close et l'on pourrait croire que je suis occupé à examiner un malade alors que je suis seul, les pieds sur le bureau, à réfléchir. C'est mon refuge.

Le téléphone sonne.

Un fils à la voix inquiète m'appelle de l'étranger pour m'informer que ses parents sont malades chez eux, à Paris. Deux vieux que je connais depuis des années, 84 et 87 ans. Avec eux, j'en ai eu des alertes : cancer, troubles cardiaques, dépression et au milieu de tout cela, une multitude de pets de travers sans importance. Plusieurs fois, je les ai repêchés de justesse. C'est mon côté saint-bernard et ça crée des liens. Enfin, c'est ce que je crois avec une certaine naïveté.

Ceux-là disposent d'une qualité rare : la gratitude. Jusqu'à ces derniers temps, ils n'allaient pas si mal malgré leurs douleurs et leurs craintes ordinaires. Aujourd'hui, ils ne posent aucune question mais n'ont qu'une seule demande :

— Soulagez-nous !

Ils ont appelé le 15 et raconté leur histoire. Et comme à tous les autres, on leur a conseillé de prendre du paracétamol et de rester chez eux en attendant que ça passe. Les pompiers ont refusé de venir. Leur fils a effectué des démarches pour qu'on les reçoive dans plusieurs hôpitaux. Sans succès. Alors, ils m'ont appelé et je n'ai, moi non plus, pas réussi à les admettre. Malgré les recommandations de l'assurance maladie, qui nous déconseille vivement de nous rendre au domicile, je fais un saut chez eux. Pas de colère, pas de plaintes, pas de pression de mes deux vieux ou de leur fils. Il ne me faudra que quelques secondes pour réaliser qu'ils sont contaminés. Et soudain, je me rends compte que j'ai oublié de me protéger. Nous avons respiré le même air, je les ai touchés, palpés à mains nues. Une fois de plus, je suis un « cas contact ». Ils ne m'ont même pas demandé de quoi ils souffraient et je les ai épargnés de l'effrayante nouvelle.

Que faire lorsqu'il n'y a plus de place dans les hôpitaux ? En temps normal, ça n'arrive pratiquement jamais. Je consacre de longs instants au téléphone à tenter de les caser quelque part. Et chaque fois, leurs candidatures sont poliment mais fermement récusées. À la fin, je me résigne. Assis dans un fauteuil du salon, seul pendant qu'ils sont dans leur chambre, j'imagine leur départ vers une destination inconnue, la séparation, les larmes, les visites interdites. Et pour couronner le tout, en cas de décès, chaque cadavre serait aussitôt emballé dans un sac en plastique et le cercueil scellé en l'absence de la famille. Direction le cimetière de leur choix. Alors contre toute attente, je retourne dans la chambre et décide de faire l'hôpital à la maison même si les laboratoires ne se déplacent plus à domicile en cas de suspicion de Covid. Je demande deux bilans sanguins et je mens en affirmant qu'il s'agit de simples check-up. Lorsqu'on s'aperçoit de la supercherie, j'ai déjà les résultats. Cette manigance m'est vivement reprochée et je m'en excuse. J'ai l'habitude. Mes deux patients ont une forme digestive de Covid et je me garde bien de leur annoncer le diagnostic pour ne pas les abattre. Les constantes biologiques sont perturbées et il y a des chances que ça tourne mal à leur âge. L'épouse me prend à part dans l'entrée de leur appartement.

— Il vaudrait mieux nous faire une injection pour qu'on en finisse.

Je comprends aussitôt sa manœuvre. Elle me sonde pour voir ce que je vais répondre. Je souris et lui assure que leur fin serait très prématurée et bla, bla, bla.

Assis dans un fauteuil à côté de leur lit, je réfléchis. J'ai entendu parler d'une étude : le corona aurait besoin de bactéries du macrobiote digestif pour se reproduire. Sans lui, l'infection virale ne pourrait se développer. Comme Didier Raoult, je ne m'embarrasse pas de scrupules ni du respect de la réglementation pour tenter un essai thérapeutique puisque j'ai affaire à des condamnés qui n'intéressent plus personne. En un éclair, je les bombarde d'antibiotiques. Contre les avis du moment, j'y associe un corticoïde et rajoute un anticoagulant pour éviter une embolie. Les jours passent. Ils survivent. Je ne les informe pas non plus des détails de ma folle entreprise. En temps normal, prendre de tels risques, si cela se passe mal, se termine devant une cour d'assises. Mais dans la circonstance, tout le monde s'en fiche. Alors, je continue de tenter le tout pour le tout sans les tracasser plus que nécessaire. Après quinze jours de désespoir, de hauts, de bas, ils émergent et me posent enfin la question. Je leur dis la vérité :

— Vous avez eu le Covid.

Jusqu'à cet instant, mes deux vieux avaient une grande reconnaissance à mon égard. Mais cette annonce jette un froid entre nous et il faut se rendre à l'évidence : ils ne me croient pas. Je ne vais pas chercher à m'expliquer, à les convaincre, à faire du Didier Raoult, on voit où cela mène. Alors je disparais. De retour, dans la voiture, agacé, de mauvaise humeur, je me surprends à en rire.

— Ah, j'ai le cuir trop sensible. Toujours ce même besoin d'être un héros. Allez, il faut penser à autre chose, j'ai bien trop à faire avec les autres.

Lorsque je rentre chez moi, j'entends à la radio que nous acceptons tout le monde, sans exception, dans les hôpitaux. Un mensonge normal car il ne faut pas en rajouter à la panique générale. Heureusement, dans ces temps perturbés, la population n'a pas d'autre choix : « Croire ce qu'on lui dit… »

Un mois plus tard, seul dans mon bureau, je lis mes e-mails. L'un d'eux porte un titre en grandes lettres grasses : REMORDS. « Je ne réussis pas à trouver les mots pour vous dire notre reconnaissance. Sur le moment nous n'avons pas pris conscience que vous nous avez sauvé la vie… » Mon couple de miraculés s'est fait doser les anticorps et ils viennent d'apprendre qu'ils sont positifs.

35

Je ferme la fenêtre entrouverte de mon bureau par où s'engouffrait une grande bouffée d'air frais. Cette ritournelle me revient régulièrement à l'esprit : je suis surpris qu'il fasse si beau dehors. Étonnant ce printemps, cette atmosphère de joie, de renouveau alors qu'on est dans la tempête. Je contemple la verdeur de la pelouse sur laquelle s'épanouissent deux érables du Japon, un vert et un rouge, lorsque le téléphone sonne.

— Il y a deux jeunes hommes qui veulent vous parler, ils disent que c'est de la plus haute importance.

Quelques secondes encore passées avec les arbres qui se balancent sous un vent léger, quelques secondes dans ce calme qui me redonne de la force et j'ouvre la porte.

Ils ont la quarantaine, en pleine force de l'âge. Ce sont deux frères qui viennent me parler de leur père.

— Il est au deuxième étage. Nous l'avons fait transférer d'un autre hôpital où l'on nous a dit qu'il n'y avait plus rien à faire et qu'il allait mourir. Et ici, à peine arrivés, on nous a dit la même chose.

J'avale ma salive.

— Qu'attendez-vous de moi ?

— Nous cherchons quelqu'un qui va le sauver. Cela fait plus de vingt ans que des médecins nous annoncent la mort de notre père : le cœur, l'emphysème, le cancer… Et chaque fois, il s'en est sorti. Alors pourquoi pas cette fois ?

Ce genre de démarche advient régulièrement. Il y en a qui feraient n'importe quoi pour survivre. C'est pour cela que Lourdes existe et que des milliers de désespérés s'y rendent chaque année.

Je suis allé voir son dossier et parler avec le collègue qui s'en occupe. Lui, habituellement, c'est plutôt un gentil. Quand je l'interroge, il me lance un regard transversal.

— Le verdict est sans appel, il est cuit et il n'a même pas le Covid.

Un court passage dans la chambre ne me remplit pas d'enthousiasme. Le vieil homme est très mal en point. Ses fils avaient entendu dire que je me chargeais de cas désespérés et lorsque je les revois, ils me mettent en demeure de le faire.

J'affronte leur désespoir.

— On ne vous a pas menti, le pronostic est aléatoire mais on ne sait jamais. Même dans les situations les plus difficiles, il y a toujours une chance de s'en sortir.

— Justement, quelles sont-elles ? Combien de temps lui reste-t-il à vivre ?

Après analyse de la situation, face à l'ordinateur, je rédige les prescriptions : soutien de son cœur fragile, de ses reins déficients, transfusion, je le rééquilibre sur le plan hydroélectrolytique, le nourrit par voie parentérale. Une sorte de réanimation dans une chambre d'un service de médecine.

Le surlendemain alors que ses constantes s'améliorent, le vieil homme sort du coma et reconnaît un de ses fils. Ils sont enthousiasmés.

En l'observant de plus près, mon instinct me chuchote à l'oreille une mélodie funèbre. En général, il ne me trompe pas. Malgré l'amélioration, l'expression de ce visage extenué par l'agonie évoque une embellie *ante mortem* et en effet, un jour plus tard, à 8 h 45 du matin, il rend l'âme en tenant les mains d'un de ses fils. Le dernier soupir d'un être est un moment très solennel si on a la chance de le surprendre. Un souvenir qui vous poursuit jusqu'à la fin de vos jours, surtout lorsqu'il s'agit d'un père.

Je ne reverrai jamais ces deux jeunes hommes mais je hanterai longtemps leur mémoire.

★★★★

Un dimanche matin de la fin du mois d'avril où il fait particulièrement doux, je m'attarde comme d'habitude sur mon balcon. En T-shirt et en caleçon, il est à peine 9 heures, je rêvasse, m'étire, bâille et évite de me poser des questions sur mon avenir. On verra…

Mon portable sonne dans le salon et la voix douce d'une femme que je connais bien m'interpelle en pleine trêve dominicale.

— Ma mère va mal, quand pouvez-vous nous recevoir ?

Sa mère a 99 ans. En d'autres temps, cet appel n'aurait rien eu d'extraordinaire. La fille m'annonce de la fièvre, une toux, et je lui exprime mes regrets puisqu'on ne peut rien faire. Elle pleure au téléphone et n'admet pas que je ne lui propose que du paracétamol. Pour ne pas lui fermer la porte, je suggère de venir aux urgences et on verra bien ce qu'il est possible de faire. Une heure plus tard, un collègue à la voix mesurée pour contenir sa colère me contacte pour savoir jusqu'à quel point je me moque du monde.

— 99 ans, franchement, un dimanche matin, tu n'as rien d'autre à faire…

Sur un ton facétieux, je m'entends lui répondre :

— Tu dois avoir raison, encore une que je n'ai pas eu le courage de laisser mourir, j'ai le cœur trop sensible… Et puis, on ne sait jamais, il n'y a pas que le Covid qui donne de la toux et de la fièvre.

On parlemente et à force de le prendre par les sentiments, le petit caporal cède.

— OK, on va lui faire un scanner pour évaluer les dégâts mais tu devras t'en occuper…

— Oui, oui, bien sûr, tu n'auras rien à faire…

Je m'habille de propre et file sur mon vélo à l'hôpital.

Dans la salle du scanner, un collègue, les yeux rivés sur son écran, étudie les poumons de la presque centenaire. Elle est atteinte d'une pneumonie et n'a pas le moindre signe de Covid. Après quelques jours, la vieille dame quitte l'hôpital. On ne lui a pas sauvé la vie, tout au plus accordé un sursis…

Des jours passent et je continue d'aligner méthodiquement des barres sur la porte de l'armoire de ma cuisine. Entre le confinement et l'ambiance étouffante de l'hôpital, j'ai un sérieux besoin de m'évader. Alors, un jour, je brave l'interdit et sors de Paris. L'autoroute du Sud est vide, j'ai l'impression qu'elle m'appartient. Il y a quelques jours, Paul mourait sur la banquette arrière de ma voiture et, depuis, chaque fois que je m'installe au volant, je perçois sa présence. C'est une impression étrange.

Il fait très beau et par la fenêtre, un vent frais me fouette le visage. Ma voiture file droit devant, sans aucune destination, juste pour rouler, voir défiler une campagne verdoyante, un printemps qui se moque bien du malheur des hommes. Après une centaine de kilomètres, je sors de l'autoroute. Au péage, la police m'arrête et je leur présente ma carte de médecin. On me demande où je vais et je réponds que je n'en sais rien.

— Peut-être marcher dans les bois, je crois que j'en ai un peu assez de la vie que je mène en ce moment.

Ils se concertent et me laissent passer. J'ai trouvé un grand bois à deux pas de l'autoroute et pendant deux heures, je me promène dans la forêt avec des arbres qui grincent, des oiseaux qui chantent, toute une faune qui se cache et qui doit observer silencieusement l'intrus que je suis.

En rentrant de cette escapade, plus je me rapproche de Paris et plus je perçois un étau qui se resserre dans ma poitrine. C'est normal, je retourne dans la fournaise.

Comme sous l'Occupation, on espère la Libération. Un jour viendra où l'on retrouvera l'insouciance. Il faut tenir, c'est une question d'endurance.

Inscrivez-vous à notre newsletter !

Vous serez ainsi régulièrement informé(e)
de nos nouvelles parutions et de nos actualités :

https://www.odilejacob.fr/newsletter

Cet ouvrage a été composé
en Bembo
par Nord Compo
à Villeneuve-d'Ascq (Nord).

*Cet ouvrage a été imprimé sur du papier
dont les fibres de bois proviennent
de forêts durablement gérées*

Cet ouvrage
a été achevé d'imprimer
sur les presses de la
Nouvelle Imprimerie Laballery à Clamecy
en octobre 2021

N° d'édition : 4150-0042-X – N° d'impression : 109933
Dépôt légal : octobre 2021

Imprimé en France